私が原発を止めた理由

樋口英明
元福井地裁裁判長

旬報社

はじめに

二〇一一年三月一一日、福島第一原子力発電所で過酷事故が起きました。その時、福島第一原子力発電所で実際に何が起きていたのかをほとんどの人は知りません。時の経過とともに福島原発事故の深刻さが人々の意識の中から薄れていっているように思えます。福島原発事故から一〇年が経過しようとしていますが、あの事故から私たちは何を学ばなければならないのでしょうか。そのことを問い直したいのです。

原発の問題は福島原発事故の前も現在も我が国の最重要課題であり続けています。しかし、多くの人は、「あれだけの事故があったのだからきちんとした地震対策がとられているはずだ」、「多くの裁判所が再稼働を認めているのは裁判所も安全だと判断したからだ」とか、あるいは、「あんな嫌なことはもう起こらないはずだ」と漠然と思っています。

我が国の国策は安全な原発は積極的に動かすということであり、言い換えると危険な原発は動かさないということです。この国策に賛成の人にも反対の人にも、もしくは、現在の原発はそれなりに安全だと思っている人にも、原発の問題はイデオロギーの問題だと思っている人にも、保守の人にも革新の人にも、脱炭素社会の実現が重要課題だと思っている人にもそうでない人にも、等しく、原発の本当の危険性を知ってもらうのがこの本の目的です。

この本には原発の運転が許されない理由が書いてあります。

その理由は、以下のとおり、極めてシンプルなものです。

第1　原発事故のもたらす被害は極めて甚大。

第2　それゆえに原発には高度の安全性が求められる。

第3　地震大国日本において原発に高度の安全性があるということは、原発に高度の耐震性があるということにほかならない。

第4　我が国の原発の耐震性は極めて低い。

第5　よって、原発の運転は許されない。

この理屈は誰にでも理解できるはずですし、福島原発事故の教訓を踏まえれば、誰もが納得せざるを得ないはずなのです。法律家を含む多くの人が、原発が危険かどうかを判断するためには、原発についての詳しい知識と地震学の知見が必要だと思い込んでいます。だから、原発推進派だけではなく、原発に対して中立的な人々あるいは中立的でありたいと思ってい

目次

はじめに……003

第1章　なぜ原発を止めなければならないのか

1　危険とは何か……014
2　福島原発事故とは……015
(1)福島原発事故の概要……015
(2)原発の仕組み……016
(3)安全三原則……020
3　被害の大きさにおける危険……021
(1)福島原発事故の被害……021
(2)2号機の奇跡……022
(3)4号機の奇跡……024
(4)免震重要棟の存在……027
(5)その他の奇跡……028
(6)原発事故の被害の大きさにおける真の危険性……030

4 事故発生確率における危険 032
(1) 被害の大きさと事故発生確率は反比例する 032
(2) 過去の地震のデータ 035
(3) 原発の危険はパーフェクトの危険 039

第2章 原発推進派の弁明

1 住宅とは比較できない——一番目の弁明 052
2 原発の耐震設計は地表を基準としていない——二番目の弁明 054
3 強震動予測——三番目の弁明 059
(1) 問題の所在 059
(2) 強震動予測の信頼性 061
強震動予測は三重苦の中にある 061
科学で一番困難なのは将来予測 062
原発の設計は科学に基づかなければならない 063
(3) 三・一一前の私と訴訟担当後の私 066
(4) なぜ多くの裁判長は差止めを認めないのか 074
専門技術訴訟とは——伊方原発最高裁判決の影響① 076

規制基準の合理性とは——伊方原発最高裁判決の影響② 078
最新の科学技術知見とは——伊方原発最高裁判決の影響③ 080
リアリティの欠如と裁判の現状 082
(5) まとめと新たな問題提起——地震動予測の問題点 086
基準地震動算定の手順 088
松田式とは 090
基準地震動の計算方法の問題点について 092
武村雅之氏の言葉 101
基準地震動を超えた事例 103
4 **電力不足とCO_2削減——四番目の弁明** 106
(1) 電力供給について 106
(2) 脱炭素について 107
(3) 化石燃料費について 109
5 **原発を止める当たり前すぎる理由** 111
6 **放射能安全神話——原発推進派の最後の弁明** 112
(1) 新たな神話の登場 112
(2) 一ミリシーベルトの意味 114
(3) 黒い雨判決で明らかになったこと 118

被爆者援護法一条三号について……118
黒い雨について……120
裁判の概要……121
内部被曝の危険性について……123
なぜ国は控訴したのか……125

第3章　責任について

1　**三・一一後の私たちの責任が重い理由**……128
2　**司法の責任**……133
(1)　問題はどこにあるのか……133
(2)　これまでの訴訟と新たな訴訟のありかた……139
(3)　裁判官の姿勢……142
3　**私たちの責任**……146

あとがき……151

福井地裁大飯原発運転差止め訴訟判決要旨……154

第1章

なぜ原発を止めなければならないのか

私は、二〇一四年五月二一日、福井地方裁判所において大飯《おおい》原発運転差止めの判決を裁判長として言い渡しました。この判決は三・一一後初めて出された**原発運転差止め訴訟**の判決として、注目を浴びました。

裁判所では裁判官の独立性は、少なくとも制度的には担保されていて、大飯原発運転差止め判決のような重要な判決の場合でも、福井地方裁判所のトップの所長も、裁判所の組織全体のトップの最高裁判所長官も判決の内容をあらかじめ知ることはできません。私が法廷で判決を言い渡すまで、判決の結論や内容を知っているのは担当する裁判官三人と書記官一人の合計四人だけです。

判決言渡しの当日、原告側は原告住民も弁護士も出席して、判決言渡しに臨みました。しかし、被告関西電力の弁護士は一人も姿を現わしませんでした。私は、裁判の審理中、原告側に対しても、被告の関西電力に対しても厳しい態度で臨んだため、原告側は、判決言渡しの瞬間まで自分たちが勝つのか負けるのかが分からなかったはずです。他方、被告関西電力の弁護士たちは自分たちが負けると分かっていたので出席しませんでした。私は、訴訟の当初から「大飯原発が危険だと思ったら止める、思わなかったら止めない」と宣言し、その方針に従って一貫して訴訟を進めてきました。被告関西電力の弁護士は、「原発が危険かどうかで判断されたら負ける」と思っていたから来なかったのです。

皆さんは、「原発が危険かどうかで運転の差止めを裁判所が判断するのは当たり前だ」と思われるかもしれませんが、現実の裁判はそうではないのです。私は危険かどうかで運転を差し止めるかどうかを決めるという当たり前の裁判をしただけです。

【正式裁判と仮処分】 原発運転差止めの裁判には、本案裁判と言われる正式裁判と仮処分があります。正式の裁判は公開の法廷で審理され、裁判所の結論は判決書に基づき公開の法廷で言い渡されます。そこで、差し止めるという判決があっても判決が確定するまで原発の運転を実際に差し止める効力はありません。他方、仮処分の裁判は審尋《しんじん》という手続が非公開でなされ、決定書が当事者に交付されることによって裁判の結論が示されます。そこで、原発の運転を差し止めるという決定が出たならば、直ちに効力が生じます。私は三・一一後、初めて原発運転差止めの判決を出しました。そして、翌年の二〇一五年四月一四日に、高浜原発の運転差止めの仮処分決定を出しました。我が国では原発の運転差止めの仮処分決定が出されたのはこれが初めてのことでした。

1　危険とは何か

危険性には二つの意味があります。たとえば母親が子どもに「そこの交差点見通しが悪くて危険だから気を付けてね」と言った場合の危険とは、見通しが悪いから事故の発生確率が高いということを指します。これに対して、母親が子どもに「自転車で出かけるのなら危険だからヘルメット被ってね」と言った場合、ヘルメットを被っても被らなくても事故発生確率に変わりはありませんから、母親は子どもが頭を打って大けがをすることを心配していることが分かります。被害が大きくなることを心配しているのです。

このように、危険性には〝被害が大きい〟ことと、〝事故発生確率が高い〟ことの二つの意味があるのです。もっと、大きな例を挙げると、人類に最も大きな被害を及ぼすのは巨大隕石で、六五〇〇万年前に恐竜を滅ぼしたといわれるくらい甚大な被害をもたらします。だから滅多になくても危険といえます。他方、「オスプレイが危険だ」と言われるのは事故発生確率が高いという意味です。

多くの人が原発は危険だと思っています。しかし、そこでいう危険とは被害の大きさのことなのか、事故発生確率のことなのか分かりません。そこで、原発事故の被害の大きさと事故発生確率の二つの意味合いの危険について分析して考える必要があります。そのためには福島原発事故の理解が何よりも大事なのです。本書における原発の危険性の話は、すべて福島原発事故を出発点とし、そして、そこに戻ります。

2　福島原発事故とは

(1)　福島原発事故の概要

二〇一一年三月一一日午後二時四六分に三陸沖一三〇キロで**マグニチュード**9の地震が起き、福島第一原発は**震度**6の地震動（地震の揺れのことを地震動といいます）に襲われました。直ちに、制御棒がウラン燃料の間に差し込まれ、核分裂反応を止めることには成功しましたが、外部電源が地震で断たれたうえ、非常用電源も津波で使用できず、そのために、1号機から3号機までの原子炉の核燃料が溶け落ち、いわゆる**メルトダウン**を起こしました。4号機から6号機は定期点検中であったためメルトダウンは避けられたのですが、4号機では危機的状況が生じました。これらによって一五万人を超える人が避難を余儀なくされ、その避難の過程で入院患者など六〇人以上の方が亡くなりました。

なぜこのような事故になったのでしょうか。その理解のためには原発の仕組みを知っておく必要があります。

【マグニチュードと震度】 マグニチュードは地震の大きさを示し、震度は地震の揺れ（地震動）の強さを示します。マグニチュードはマグニチュード10がほぼ上限で、震度は震度7までしかありません。地震の大きさと地震の強さ（正確には地震動の強さ）は関係しますが、別の概念です。震度7の地震動をもたらすような大規模な地震であっても、地盤の条件もありますが、震源から離れるにつれて震度6、震度5、震度4というように弱まっていきます。したがって、一つの地震でマグニチュードは一個だけ、震度は地域によって様々ということになります。

【メルトダウン】 メルトダウンというのは、燃料棒が自らの熱で溶け出すことをいいます。ウラン燃料は発電の際に水を沸騰させ、それと同時にその水によって冷やされています。水が失われれば、自らの発する熱によって溶け出すことになります。

(2) 原発の仕組み

原発の仕組みは単純で、**図1**の左側の圧力容器の中のウラン燃料によって水を沸騰させ、発生した蒸気でタービンを回し発電します。その蒸気を海水で冷やし水にして、再び圧力容器に戻します。このようにポンプを使ってグルグル水を循環させているのです。[*1]

火力発電所と仕組みは一緒で、石油を燃やして水を沸騰させれば火力発電であり、ウラン燃料で水を沸騰させれば原発です。

しかし、燃料の違いによって二つの大きな差が生じます。その一つは毒性で、原発の格納容器（原子炉圧力容器を取り囲んでいる牛乳瓶の形をした構造物）の中にはヒロシマ型原爆一〇〇〇発分の死の灰が含まれています。だから、格納容器の中に放射性物質を「閉じ込める」ことが必要となります。

もう一つはエネルギー量の違いです。地震に襲われた時に火力発電所は火を止めることで、水の沸騰がやみ即座に安全になります。

図1　原子力発電の仕組み

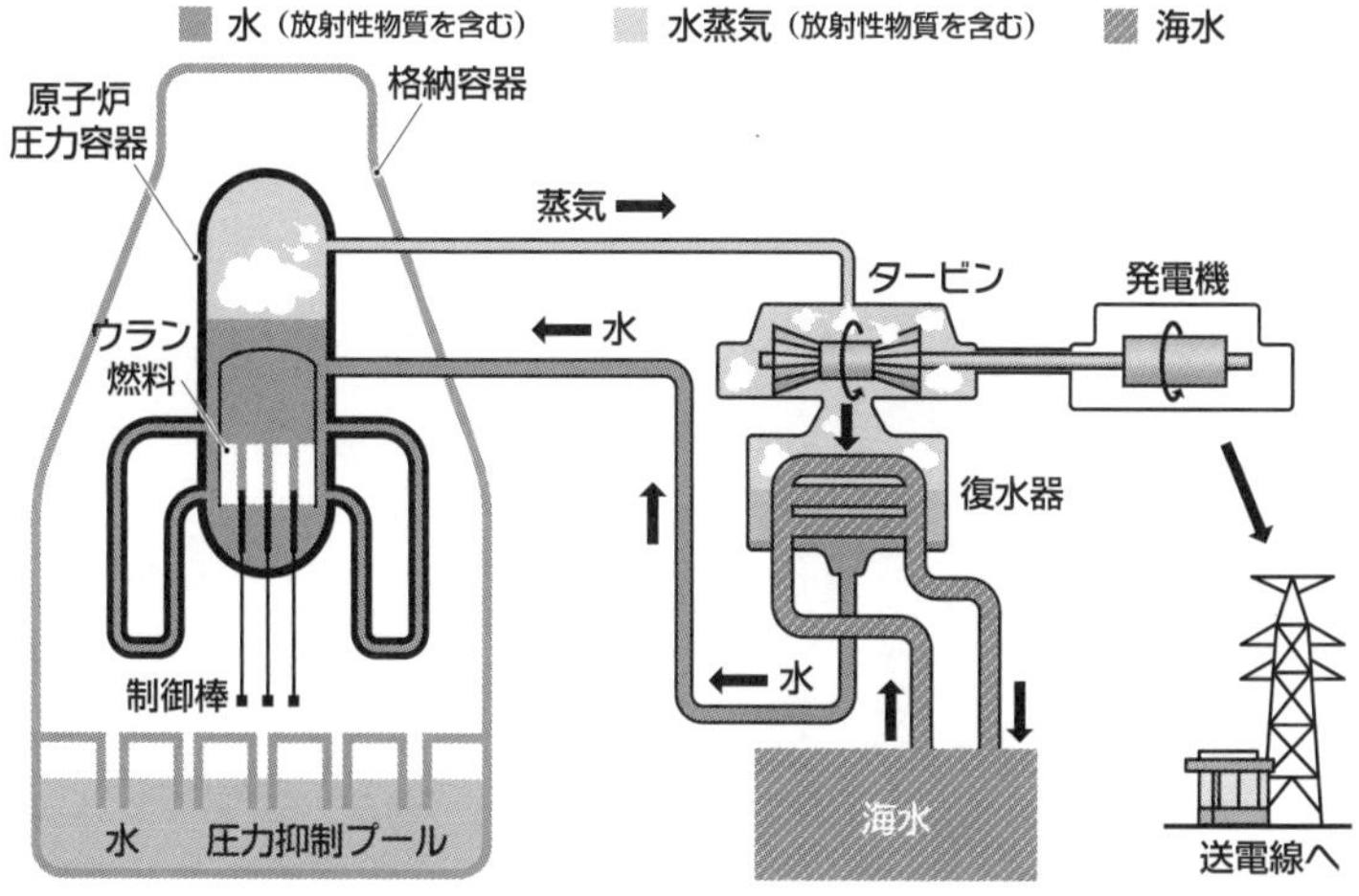

出所：関西電力事業内容 / 原子力発電の概要 / 原子炉のしくみより作成。

ところが原発は、ウラン燃料のエネルギー量が大きすぎるため、崩壊熱と呼ばれる熱によって核分裂反応を止めても沸騰が続いてしまうのです。沸騰が続くと水が蒸発して、ウラン燃料が水から顔を出して溶け出すことになります。通常の運転時には自ら発電した電気でポンプを回して水を循環させることができるのですが、地震に襲われた際に、核分裂反応を止めると発電ができなくなります。そうすると火力発電所から送られて来る電源（外部電源といわれます）でポンプを回して水を循環させなければならなくなります。[*2]

このように原発は地震で核分裂反応が止められた際に火力発電所から電気を送ってもらう必要があるために火力発電所とセットになっているのです。また、原発は、地震の際に一旦止まると故障がなかったとしても整備に時間がかかり、その間、電気を供給することができなくなるために、電気を供給する地域に対して別の発電所を設けておくことが必要になるのです。原発は決して安定的な電力とは言えず、火力発電所のバックアップが必ず必要となるのです。

三・一一では最初の地震の揺れを受けて、制御棒がウラン燃料の間に差し込まれ、核分裂反応が止まりました。そこで、火力発電所からの電源（外部電源）によって、ポンプを動かし水を循環させようとしましたが、外部電源の鉄塔が地震で倒れ、電源が断たれたためにポンプを回せなくなりました。そこで地下にある非常用電源を使おうとしましたが、これも津波で使えなくなり、ポンプを動かすことができなくなりました。ポンプで水を循環することができなくなるとウラン燃料が水から顔を出しメルトダウンします。しかも、電源が失われてからわずかな時間でメルトダウンしてしまうのです。また、たとえ電気が供給されていても配管が破断して水が供給できなくなれば時間単位でメルトダウンに至ることになります。[*3]

＊1　図1は、沸騰水型という東日本に多い原発の型式の略図です。西日本に多い加圧水型という原発の型式はこれと異なっていますが、ウラン燃料によって水を沸騰させ、電気を起こすという仕組みは同じです。

＊2　外部からの電源が断たれ、非常用電源も機能しないとなると、燃料棒が自らの熱で溶け出し、メルトダウンします。原発はウラン燃料で水を沸騰させ、それによって発電する仕組みですが、水を沸騰させると同時にその水によってウラン燃料が冷やされているということになります。したがって、水が失われれば、自らの発する熱によってウラン燃料は溶け出すことになりますし、水を常に供給するためには電気が必要なのです。だから、メルトダウンをさせないためには電気と水が絶対に必要となります。

＊3　小さな配管の破断の場合でさえ、一〇時間余で核燃料の損傷が始まると言われています。

(3) 安全三原則

「止める」「冷やす」「閉じ込める」を安全三原則といい、原発が地震に襲われた時に必ず守らなければならない原則です。「止める」とはウラン燃料の間に制御棒を差し込んで核分裂反応を止めること、「冷やす」とは電気と水でウラン燃料を冷やし続けるということで、「閉じ込める」とは重要な設備を囲い込んでいる厚い鉄製の格納容器の中に放射性物質を閉じ込め続けるということを指します。原発が、地震に襲われたとき、この三原則のうち一つでも守られなければ大事故になるのです。

本書では専門的な話はほとんど出てきません。やや専門的な話は、この安全三原則とガル（地震の強さを示す加速度の単位）の話だけです。本書の目的は原発の危険性を誰にでも理解してもらえるようにすることとです。そのため、法律用語を含めて専門的な用語をなるべく使わないようにしています。したがって、専門分野の細部の表現においてやや正確性に欠ける部分がどうしても出てきてしまいます。たぶん、原発推進派はそこを捉えて本書が「正確性に欠ける」と言って、それをもってすべてが信用できないという印象操作をしようとするのではないかと思っています。なぜなら、かつて私が出した福井地裁の大飯原発運転差止め判決や高浜原発運転差止め仮処分決定に対して、原発推進派は内容に対する本質的な反論ではなく、印象操作のような対応を繰り返していたからです。しかし、専門分野の細部の表現が正確かどうかということと物事の本質を捉えているかどうかということは全く別問題です。

以下の話はすべて本質的な話ばかりです。素人にも理解できる説明ができてこそプロなのですが、原発推進派は難しい用語を並べ立てて原発の危険性を訴える素人を煙に巻いているように思えます。

3　被害の大きさにおける危険

(1)　福島原発事故の被害

福島原発事故では、安全三原則のうち、核分裂反応を「止める」ことには成功したのですが、電源喪失によって「冷やす」ことに失敗し、そのために「閉じ込める」ことにも失敗し、その結果、大量の放射性物質が出てしまいました。

そのため、一五万人を超える人が避難を余儀なくされ、その避難の過程で入院患者など六〇人以上の方が亡くなりました。**震災関連死**は二〇〇〇人を超えています。「これ以上ない被害だ」と言いたいのですが、実はそうではなかったのです。

【震災関連死】 復興庁によると二〇二〇年九月三〇日集計による震災関連死は岩手県が四六九人、宮城県が九二九人であるのに対し、福島県は二三一三人に及んでいます。今も多くの方が郷里に戻ることができず、あまり報道されていませんが、現在も原子力緊急事態宣言は解除されていないのです。

(2) 2号機の奇跡

2号機でも、電源が断たれたため、ウラン燃料が溶け落ちてメルトダウンに至り、大量の水蒸気と水素が発生しました。そのため、三月一五日になると、格納容器内の圧力が設計基準を遥かに超えたために、放射性物質の大量放出を伴う格納容器の圧力破壊の危険が高まりました。このような状況下ではベントと呼ばれる圧力を抜く作業が必要となります。ベントすると格納容器内の放射性物質が一部放出されることになりますが、ベントをしなければ格納容器自体が吹っ飛び、中の放射性物質が全て放出されることになります。[*4] 放射性物質の全部が放出されるよりは、一部の放出の方がまだましだということでベントしようとしたのです。ベントするには、バルブを開ける必要がありますが、電気が失われたため自動ではベントができず、手動でベントしようとしたのですがその場所に行き着くまでに放射能で死んでしまうことからベントができない状況だったのです。

三月一五日の朝、福島第一原発の吉田昌郎《まさお》所長も2号機の格納容器の圧力破壊による大爆発を覚悟しました。この時、吉田所長は自分の死を覚悟するとともに、その脳裏に「東日本壊滅」という言葉がよぎったとのことです。しかし幸いにも格納容器は圧力破壊を免れました。格納容器は放射性物質を施設外に出さないための最後の砦であり「閉じ込める」という原則を守るために丈夫でなければなりません。したがって、本来絶対にあってはならないことですが、格納容器のどこかに脆弱な部分があり、いわば2号機が欠陥機であったため、そこから圧力が漏れ、圧力破壊による大爆発に至らなかったのです。格納容器が欠陥なく本当に丈夫に造られていたら、「東日本壊滅」に至ったのです。

＊4　1号機、3号機、4号機ではいずれも水素爆発がありました。これらの爆発は格納容器の外側の建屋と呼ばれる建物内での爆発でした。2号機では建屋内の爆発はありませんでしたが、ベントができた1号機・3号機と異なり、2号機はベントができなかったために格納容器の爆発が迫っていたのです。その脅威は1号機・3号機・4号機の建屋の爆発よりも遥かに大きいのです。

(3) 4号機の奇跡

三月一一日当時、4号機は定期点検中で、圧力容器の中にあったウラン燃料は、エネルギー量が落ちて、電気を起こしにくくなったため、**図2**に示す格納容器の隣の使用済み核燃料貯蔵プールに入れられていました。このプールも全電源喪失により循環水の供給が停止しました。使用済み核燃料は使用中の核燃料に比べエネルギー量が落ちています。そのため、循環水の供給が断たれても時間単位でメルトダウンに至ることはありませんが、三月一五日になるとプールの水が干上がることによる放射性物質の大量放出が危惧されるようになりました。

図2　4号機建屋

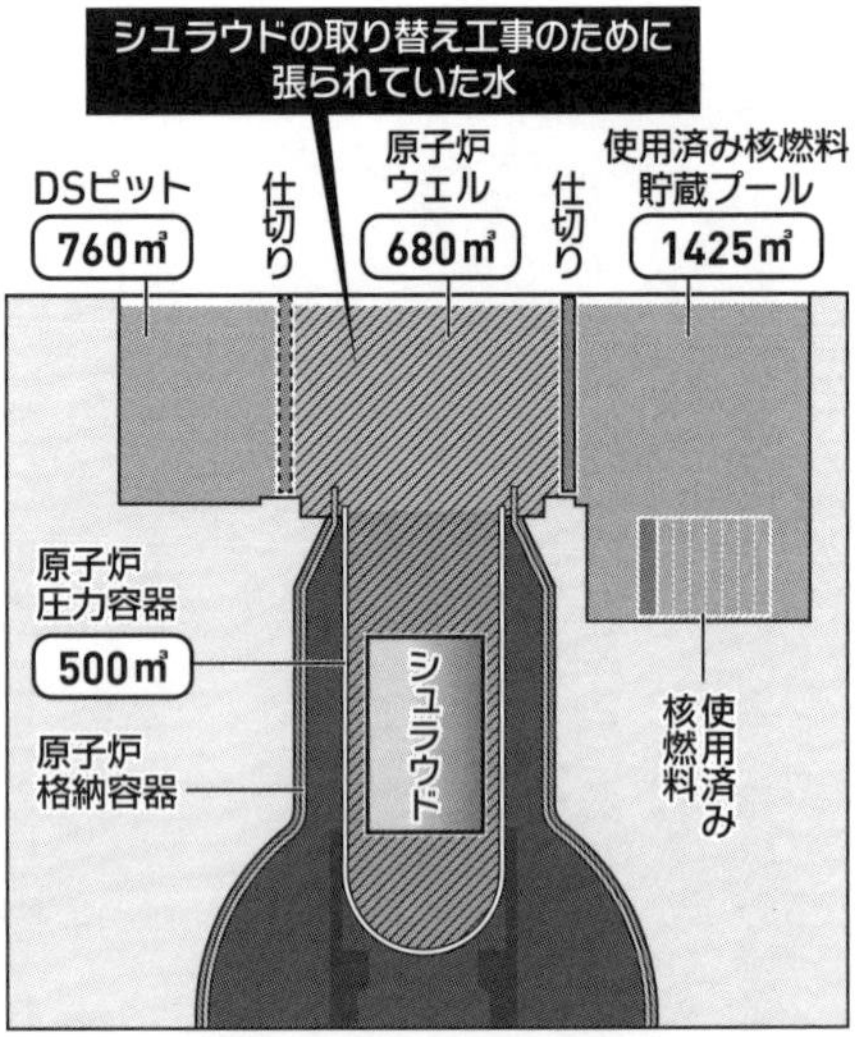

出所：朝日新聞 2012 年 3 月 8 日付より作成。

しかし、使用済み核燃料貯蔵プールに隣接する原子炉ウエルに**シュラウド**の取り替え作業のために普段は張られていない水が張られていました。そして、使用済み核燃料貯蔵プールと原子炉ウエルを隔てている仕切りがずれるという本来あってはならないことが起き、原子炉ウエルから使用済み核燃料貯蔵プールに水が流れ込みました。仕切りがずれた原因については、未だ不明です。しかも、原子炉ウエルの水は工事が予定よりも遅れたために残っていたもので、本来だと三月七日には水は抜かれていたはずでした。

【シュラウド】 シュラウドは核燃料を入れる箱というイメージでかまいません。4号機は一九七八年に送電を開始しましたが、三三年後の二〇一一年に初めてシュラウドの取り替え工事が行われました。

近藤駿介《しゅんすけ》原子力委員会委員長は菅直人《かんなおと》総理からの要請により福島原発事故から想定される被害規模の見通しを報告しましたが、想定のうち、最も重大な被害を及ぼすと考えられていたのはこの4号機の**使用済み核燃料**貯蔵プールからの放射能汚染であり、**図3**に示すように強制移転を求めるべき地域が一七〇キロメートル以遠にも生じる可能性や、住民が移転を希望する場合にこれを認めるべき地域が東京都のほぼ全域や横浜市の一部を含む二五〇キロメートル以遠にも発生する可能性があるとされました。[*5] これは「東日本壊滅」にほかなりません。

【使用済み核燃料】使用済み核燃料は使用中の核燃料に比べエネルギー量は落ちていますが、ヨウ素131、セシウム137、ストロンチウム90等の核分裂生成物いわゆる死の灰を多く含むために、使用中の核燃料よりも大きな被害をもたらすのです。

二五〇キロ圏内には約四〇〇〇万人が住んでいます。この被害想定は、初めてのシュラウド取り替え工事があり、さらにその工事が遅れたため本来なら抜かれていた水があり、また仕切りがずれるという、まさに天の配剤によって現実化を免れたのです。

　しかし、その使用済み核燃料貯蔵プールに流れ込んだ水もいずれ蒸発してなくなることが予想されました。危機は続いていたのです。しかし、4号機の建屋で水素爆発がありました（この爆発の原因も明確ではありません）。その爆発によって使用済み核燃料貯蔵プールの天井が吹き飛びました。天井がなく

図3　強制移転を求めるべき地域

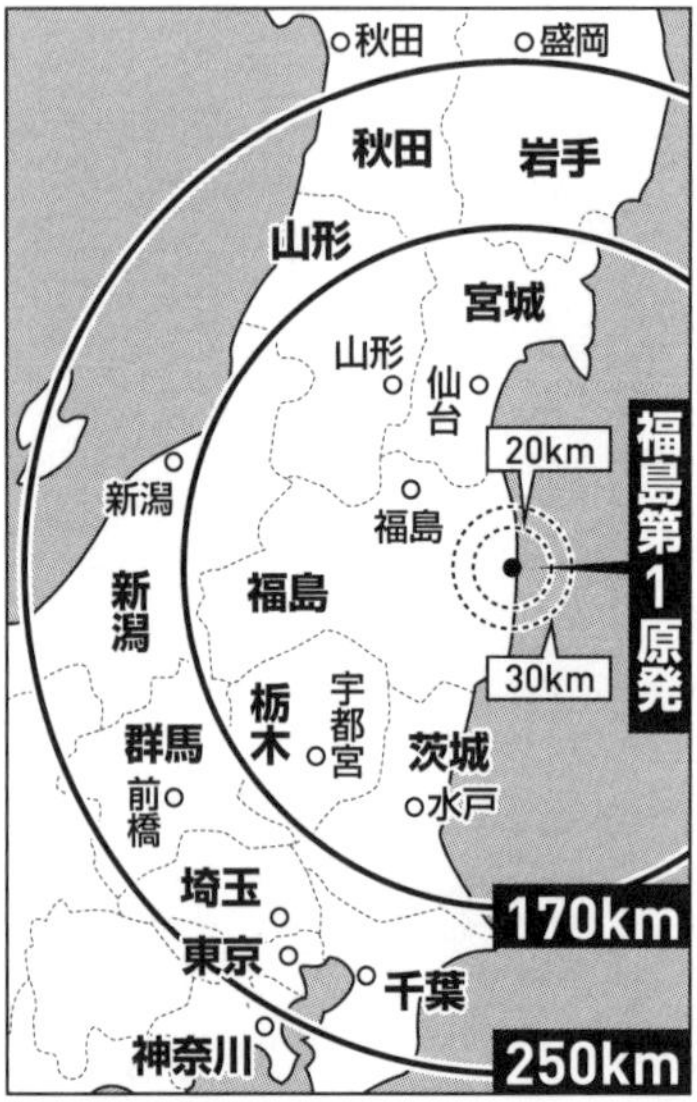

出所：著者作成。

なったので東京消防庁のキリンと呼ばれる背の高い放水車で水を入れることができたのです。これによって初めて二五〇キロ避難の危機は避けられたのです。

(4) 免震重要棟の存在

「フクシマ50」という映画をご覧になった方もいると思いますが、この映画は2号機の危機が中心に描かれています。主演の渡辺謙が演じる吉田昌郎所長が、2号機の危機（格納容器の圧力破壊）等を回避すべく、直接指揮を執っていました。彼は、放射線が遮断されて、免震構造を備え、自由に人が動ける免震重要棟という建物の中で指揮を執っていました。あの時、免震重要棟がなかったならば、たとえ2号機の奇跡や、4号機の奇跡が起きたとしても、指揮命令が機能せず「東日本壊滅」は避けられなかったと思います。

その免震重要棟は、もともとは福島第一原発にはなかった施設です。二〇〇七年七月一六日に中越沖地震が柏崎刈羽《かりわ》原発を襲いました。耐震設計基準（基準地震動といいます）を遥かに超

＊5 このシナリオは最悪のシナリオと言われ、その内容は検索できます。
http://www.ikata-tomeru.jp/wp-content/uploads/2015/02/koudai39gousyo.pdf

える地震によって、原発施設に三〇〇〇か所を超える損傷が生じました。その際、事故の対策拠点となる部屋の出入り口が地震によって開閉できなくなりました。これを見た当時の新潟県知事であった泉田裕彦《いずみだひろひこ》氏は「地震に襲われた場合にも対策を執ることができる免震設備のある建物が必要だ」として、その建設を強く東京電力に求めました。その後、免震重要棟は柏崎刈羽原発だけではなく、福島第一原発にも建てられました。その完成から数か月後に東北地方太平洋沖地震が福島第一原発を襲ったのです。

もし、柏崎刈羽原発を中越沖地震が襲わなかったら、もし泉田知事という優れた政治家が新潟県知事でなかったら福島原発事故の被害は遥かに大きなものになっていたと思われます。

(5) その他の奇跡

三月一五日は日本の運命の分岐点でした。4号機の使用済み核燃料貯蔵プールが干上がる危機と2号機の格納容器の圧力破壊の危機が同時に訪れ、また1号機、3号機も油断ができない状況が続いていました。免震重要棟に対策本部が置かれて従業員らは懸命に作業を続けようとしましたが、三月一五日には放射線量が高く、屋外での作業ができなくなりました。またしても、危機です。しかし、その日の昼ころ、なぜか突然、放射線量が落ち、屋外での作業が可能となりました。

福島原発事故によって放出された放射性物質は風に乗ってその大部分が太平洋に流れました。西風に乗ったわけです。多くの人は偏西風が要因で放射性物質が太平洋に流れたと思っていますが、偏西風は上空を吹き渡る風です。原発事故によるプルーム（放射性物質を含んだ雲）は地上付近の風に乗って地をなめるように進むのです。その時どこに風が吹くかは気圧配置次第です。福島原発事故で放出された放射性物質は広島原爆の一〇〇倍を超えています。[*6] もし、北風が吹き、プルームが東京に達したときに雨が降れば東京は首都機能を失っていたのです。

原発事故が起きたときに風がどう吹くかは全くもって運次第です。福島原発事故の時、風は太平洋に向かいました。折悪しく、トモダチ作戦のために海上にいた原子力空母ロナルド・レーガンの若い兵士たちの多くが被ばくし、その後、放射性物質に起因する様々な疾病に苦しむことになったのです。

＊6　日本政府がＩＡＥＡ（国際原子力機関）に提出したセシウムの放出量に関する報告書によると、1号機から3号機までの放出量を合計すると広島原爆一六八発に相当することになります。

(6) 原発事故の被害の大きさにおける真の危険性

2号機の奇跡については現場の最高責任者が、4号機の奇跡については日本の原子力行政のトップが言っていることなのです。そして、当時の総理大臣であった菅直人氏は三月一五日東京電力本社に乗り込んだ際、東京電力幹部に向かって「事故の被害は甚大だ。このままでは日本国は滅亡だ。撤退などあり得ない。命がけでやれ」と叫びました。当時、東京電力の幹部たちが現場からの撤退を考えていたかどうかについては、はっきりはしませんが、総理大臣が我が国の滅亡の可能性を認識していたのは紛れもない事実なのです。

これまで述べたような天の配剤とも言うべき数々の奇跡が重なって一五万人の避難、いずれかの奇跡がなければ四〇〇〇万人の避難。不運が重なれば令和という時代を迎えることなく我が国の歴史は終わっていたかもしれません。

この被害の大きさは比類がありません。あえてたとえるとするならば、架空のものとしてはゴジラです。一旦暴れ出したら誰にも止めることができない。実際のものとしては核兵器です。「原爆と原発は双子の兄弟だ」と言われます。ウランエネルギーを一〇〇万分の一秒で解放すると原爆になり、同じエネルギーを時間をかけて水と電気で**コントロール**しながら小さな爆発を繰り返させると原発となります。双子の兄弟でもその性格はかなり違っていて、核兵器は爆発させようと思わない限り爆発しませんが、原発は水または電気が失われれば人間がコントロールできなくなり暴走します。核兵器を持つことが理性的なことかどうかは別として、核兵器には最後は人間の理性を信頼するという細い道が残されています。しかし、原発は吉田所長以下従業員がいかに理性的に、賢く行動しても、水または電気が失われたら暴走するのです。

【原子力はコントロールできるのか】 原子力基本法の法案策定に関与し、我が国の原子力事業において先駆的役割を果たした中曽根康弘元総理は、原子力基本法の成立に先立って、「原子力は今や家畜となった。これを猛獣だと思っている国民を啓蒙する必要がある」と説きました。他方、ドイツの哲学者ハイデッガーは「人が常に管理し続けなければならないということは人が管理できないのと同義である」と説いて原発の危険性を訴えました。どちらの言葉に叡智が宿っているかは明らかだと思います。

このことは、原発が断水も停電もない平和時でないと使えないことを意味しています。したがって、原発は核の「平和利用」ではなく、核の「平和時利用」です。平和を乱し断水や停電をもたらす原因は、戦争、内乱、テロ、地震、津波、火山の爆発、大雨にともなう崖崩れ等いくらでも挙げられます。そして、今回のコロナなどの疫病もその一つであり、大規模な疫病はそれ自体で原発の危機を招くし、地震等の自然災害に遭遇したときにベテラン従業員数名のコロナ感染がそこに加われば原発は危機的状況となるのです。

核兵器とのもう一つの違いは、原発の主な被害は我が国だけに及ぶということです。その意味では、脱原発弁護団全国連絡会共同代表の河合弘之弁護士の「原発は自国のみに向けられた核兵器」との言葉は至言です。すなわち、原発は国防上も得策ではないのです。

我が国の歴史上最大の危機は、先の大戦でもなければ、蒙古襲来でもないし、ましてやコロナ禍でもないのです。一〇年前の二〇一一年三月一五日が最大の危機だったのです。原発事故の被害の大きさにおける真の危険は想像を絶するのです。

4　事故発生確率における危険

(1)　被害の大きさと事故発生確率は反比例する

次に事故発生確率について検討します。三・一一前の近藤駿介原子力委員会委員長との対談において、ビートたけし氏は、「原発というのは地震で壊れると大変なことになるらしい。大変なことになるのだったらそれなりの対策をしているはずだ。だから案外地震の時は原発に逃げ込むのが正解だったりする」と発言しました（『新潮45』二〇一〇年六月号）。そして実際、三・一一の時も、多くの住民が地震被害を避けるために女川《おながわ》原発に避難したのです。

ビートたけし氏の発言は、「原発は事故が起きた時大きな被害をもたらすから、地震が起きても大丈夫なようにしているはずだ」という世の中の常識を代弁していると言えます。すなわち、彼が言いたかったのは、「被害の大きさと事故発生確率は反比例するようにしてあるはずだ」ということです。

たとえば、新幹線と在来線では事故発生確率が違います。踏切があるとトラックと衝突して脱線転覆する可能性がありますが、踏切のない新幹線ではその可能性はゼロになっています。在来線の特急は時速一〇〇キロですが、新幹線は時速三〇〇キロで走っているため、新幹線では事故が起きた時の被害が在来線に比べて遥かに大きくなることから事故発生確率が抑えられているのです。漁船と大型旅客船、セスナ機と大型旅客機を比較しても、事故発生確率と被害の大きさはおおむね反比例することが分かります。

このことは人間社会だけでなく自然界においても同様です。巨大隕石はめったにないが小さな隕石はいくらでもあるし、東北地方太平洋沖地震のようなマグニチュード9の地震はごく希ですが、マグニチュード5程度の地震は毎週のようにあります。

もし反比例しなければ、地球に人類は誕生していなかったし、誕生しても文明を築くことはできなかったはずです。

このように事故発生確率と被害の大きさは反比例しています。だから、三・一一前には、ビートたけし氏も私も、原発は安全だと思っていました。福島原発事故によって原発事故の被害の甚大さを知った後においても、「絶対安全でないことは分かったが、それでもそれなりには安全に、すなわち事故発生確率を抑えて造られているはずだ」と思ってしまうのです。このことは、理性的な人を含めて、むしろ、理性的な人であればあるほどそう思ってしまうようです。

しかし、「原発には高度の安全性が求められる」ということについては、原発はそれなりに安全だと思っている人でも、原発が必要だと思っている人でも異議を唱えることはないと思います。

もちろん、「我が国の存続にかかわるほどの被害をもたらすような原発はもはや運転が許されないのは当然で、直ちに廃炉にすべきだ」という考えも充分成り立ち得るといえます。むしろこの方が健全な考え方といえるかもしれません。しかし、この立場に立てばここで議論は終わってしまうことになるので、原発には高度の安全性（事故発生確率が極めて低いこと）が確保されることを条件に運転を認めるという立場をとったうえで話を進めたいと思います。

そこで、「本当に原発は事故発生確率が低いのか」を検討します。原発は、停電しても、断水しても、核燃料を「冷やし続けること」ができなくなり、大事故に結びつくのです。そして、地震が停電や断水の原因になりやすいことも間違いのない事実です（福島原発事故は津波が原因だと言われていますが、その津波を引き起こしたのは地震なのです）。そのことから、「原発における事故発生確率が低いということは、原発に高い耐震性があるということにほかならない」といえるのです。

(2) 過去の地震のデータ

地震には「大きさ」と「強さ」という概念があります。地震の大きさは、マグニチュードという単位を用い、マグニチュードは「Ｍ」で示されます。近時の大きな地震である阪神・淡路大震災、熊本地震、北海道の胆振《いぶり》東部地震はおおむねＭ７前後の大地震で、Ｍ８になると関東大震災クラスの巨大地震、Ｍ９は超巨大地震に当たります。

他方、地震の強さは、普通震度で示され震度７が最高です。地震の大きさと強さは関連がありますが、別の概念であり、大きな地震であっても震源から距離が離れるに従って地震の強さは弱くなります。地震の強さを示す単位として震度の他にガルという加速度を表す単位があります。震度とガルは完全に対応しているわけではありませんが、おおむねの目安として**表１**のとおり、震度７は１５００ガル以上に対応しますが、３０００ガルも震度７、５０００ガルも震度７になることから、客観的な比較検討をするために加速度の単位であるガルが用いられます。

このガルという単位は、原発の耐震設計基準（基準地震動）に用いられている単位であり、また地震観測においても震度以上に重要な単位とされています。

表１　震度と最大加速度の概略の対応表

震度等級	最大加速度（ガル）
震度7	1500ガル程度～
震度6強	830～1500ガル程度
震度6弱	520～830ガル程度
震度5強	240～520ガル程度
震度5弱	110～240ガル程度
震度4	40～110ガル程度

出所：国土交通省国土技術政策総合研究所。

表２　2000年以後の主な地震と施設の耐震性

5000	＊5115ガル
4000	★4022ガル（岩手・宮城内陸地震・2008年・M7.2）
3000	＊3406ガル
2000	★2933ガル（東北地方太平洋沖地震〈東日本大震災〉・2011年・M9） ★2515ガル（新潟県中越地震・2004年・M6.8）
1000	★1796ガル（北海道胆振東部地震・2018年・M6.7） ★1740ガル（熊本地震・2016年・M7.3） ★1571ガル（宮城県沖地震・2003年・M7.1） ★1494ガル（鳥取県中部地震・2016年・M6.6） ★1300ガル（栃木県北部地震・2013年・M6.3） ★1000ガル以上の地震17回
	★806ガル（大阪府北部地震・2018年・M6.1）
	★703ガル（伊豆半島地震・2009年・M5.1）
	＊700ガル　★700ガル以上の地震30回
	＊405ガル

出所：著者作成。

表2は、二〇〇〇年以後の主な地震の地震観測で得られたガル数（★で示してあります）と施設の耐震性を示すガル数（＊で示してあります）を対比させたものです。二〇〇〇年以後となっているのは、一九九五年の阪神・淡路大震災を契機として全国にたくさんの地震計が置かれるようになり、二〇〇〇年ころになって初めて**地震観測網**が整備されるようになったからです。

【地震観測網】地震観測網としては気象庁とK－NETが有名です。「K－NET」は、国立研究開発法人・防災科学技術研究所が運用する全国強震観測網のことです。運用開始は一九九六年ですが、現在は全国を約二〇キロメートル間隔で均質に覆う一〇〇〇か所以上の強震観測施設からなる強震観測網となっています。気象庁の地震観測データもK－NETのデータもいずれもインターネットで検索可能です。
https://www.data.jma.go.jp/svd/eqdb/data/shindo/index.php
https://www.kyoshin.bosai.go.jp/kyoshin/

最近の著名な地震を見ていくと、大阪府北部地震はM6.1、806ガルで小学校のブロック塀が倒れて女の子が亡くなった地震です。熊本地震は震度7が二回襲った地震で、M7.3で1740ガルでした。北海道胆振東部地震はM6.7で1796ガルでした。新潟県では二〇〇四年に新潟県中越地震、二〇〇七年に新潟県中越沖地震がありました。中越地震は山で起きた地震、中越沖地震は海で起き柏崎刈羽原発を襲った地震です。表2に挙げられているのは、山で起きた中越地震で2515ガルが記録されました。最高は4022ガルの岩手・宮城内陸地震です。

「＊5115ガル」が原発の耐震設計基準（基準地震動）であったとしても、最近二〇年しか計測されていないこと、自民党政権は今後も原発を動かす方針であることから、将来5115ガルを超える地震が原発を襲わないとは断言できないので、この数値が原発の耐震設計基準（基準地震動）としてふさわしいか意見が分かれると思います。「＊5115ガル」は原発の耐震性を示すものではなく、三井ホームの耐震性であり、「震度7に六〇回耐えた家」として宣伝されています。次の「＊3406ガル」も、原発ではなく住友林業の耐震性を示しています。

私が判決した大飯原発は、一番下に記載された「＊405ガル」で設計建造されました。私が判決した時は「＊700ガル」に耐震設計基準（基準地震動）が引き上げられていました。関西電力は「コンピューターシュミレーションによって700ガルまで大丈夫であることが確認できた」と説明しました。三井ホームや住友林業は大きな鉄板の上に家を建てて実際に揺らしています。コンピューターシュミレーションはどういう仮定を置くか、どういう計算式を用いるか、どういう数値を入れ込むか等によって答えは変幻に変わりますから、ハウスメーカーの素朴な実験の方が遙かに信頼性は高いのです。

次頁の**表3**は、二〇〇〇年以後に発生した1000ガル以上の地震、ハウスメーカーの耐震性、原発の耐震性の関係を示しています。

この表から、我が国ではいつでもどこでも1000ガル以上の地震に襲われる可能性があることが分かると思います。

(3) 原発の危険はパーフェクトの危険

脱原発派の人は「巨大地震や大地震が原発を襲ったら危ない」と言うのです。それは間違ってはいないのですが、むしろ私が心配しているのは、M8クラスの巨大地震や、M7クラスの大地震でなく、M6クラスのありふれた地震で原発が危うくなるということです。巨大地震や大地震が原発を直撃すれば絶望的な状況に陥りますが、福島原発事故の時のように巨大地震が遠方で起きた場合や大地震が原発の近隣で起きた場合も危険であり、またM6程度の地震が原発を直撃した場合も同様に危険なのです。先に述べた反比例の法則に従い、M8の巨大地震よりもM7の大地震の方が多く発生し、M7の大地震よりもM6の地震の方が遙かに多く発生しています。そして、表2、表3を見れば分かるように、M6程度の地震でも原発の耐震設計基

表３　1000ガル以上の地震とハウスメーカーおよび原発の耐震性

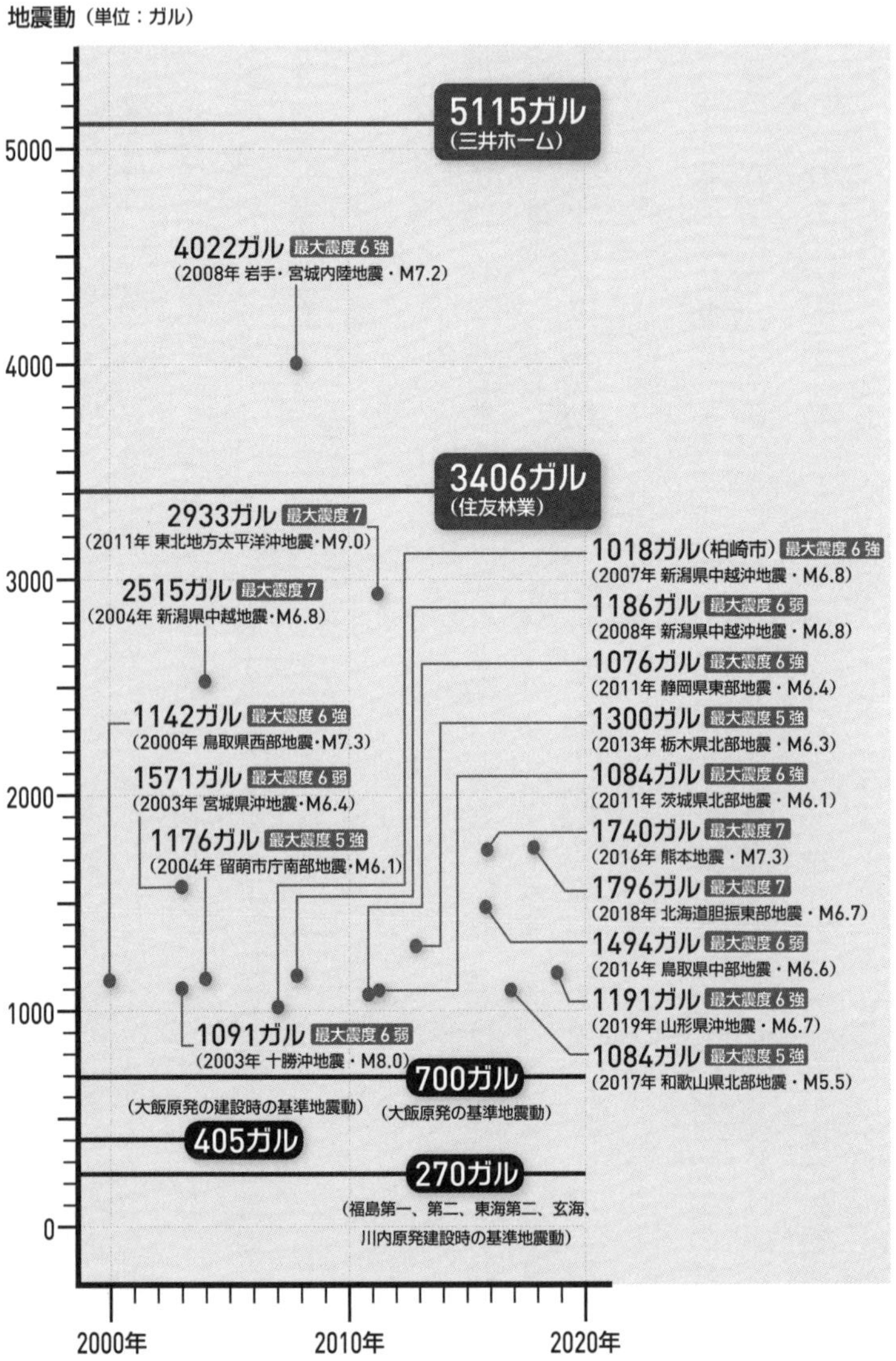

地震動（単位：ガル）
5115ガル（三井ホーム）
4022ガル 最大震度６強（2008年 岩手・宮城内陸地震・M7.2）
3406ガル（住友林業）
2933ガル 最大震度７（2011年 東北地方太平洋沖地震・M9.0）
2515ガル 最大震度７（2004年 新潟県中越地震・M6.8）
1142ガル 最大震度６強（2000年 鳥取県西部地震・M7.3）
1571ガル 最大震度６弱（2003年 宮城県沖地震・M6.4）
1176ガル 最大震度５強（2004年 留萌市庁南部地震・M6.1）
1091ガル 最大震度６弱（2003年 十勝沖地震・M8.0）
1018ガル（柏崎市）最大震度６強（2007年 新潟県中越沖地震・M6.8）
1186ガル 最大震度６弱（2008年 新潟県中越沖地震・M6.8）
1076ガル 最大震度６強（2011年 静岡県東部地震・M6.4）
1300ガル 最大震度５強（2013年 栃木県北部地震・M6.3）
1084ガル 最大震度６強（2011年 茨城県北部地震・M6.1）
1740ガル 最大震度７（2016年 熊本地震・M7.3）
1796ガル 最大震度７（2018年 北海道胆振東部地震・M6.7）
1494ガル 最大震度６弱（2016年 鳥取県中部地震・M6.6）
1191ガル 最大震度６強（2019年 山形県沖地震・M6.7）
1084ガル 最大震度５強（2017年 和歌山県北部地震・M5.5）
700ガル（大飯原発の基準地震動）
405ガル（大飯原発の建設時の基準地震動）
270ガル（福島第一、第二、東海第二、玄海、川内原発建設時の基準地震動）
5000
4000
3000
2000
1000
0
2000年
2010年
2020年

出所：広島地裁伊方原発運転差止め仮処分申立書より作成。

準（基準地震動）を超える場合があるのです。[*7]

７００ガル以上の地震動をもたらした地震は二〇〇〇年以後の二〇年間だけで三〇回、１０００ガル以上の地震動をもたらした地震は一七回あります。ここで、「７００ガル以上の地震動をもたらした地震が三〇回あった」という意味は、震源地付近で７００ガル以上の地震動が合計三〇回観測されたという意味であって、三〇か所の観測地点で７００ガル以上の地震動が観測されたという意味ではありません。例えば、震源地付近で最大１０００ガル以上の地震動が観測されたような地震では、その観測地点を中心に広い範囲で７００ガル以上の地震動が

＊７　例えば、栃木県北部地震は山の中で起き死傷者も出なかったため、地元の人しか知らない地震ですがＭ6.3で１３００ガルが記録されました。また、二〇〇九年の伊豆半島地震はわずかＭ5.1ですが、７００ガルを超える地震動を記録しました。気象庁の地震観測データを見れば、我が国の周辺でおおむねＭ６程度の地震は月に一回、Ｍ５程度の地震なら週に一回程度の割合で起きていることが分かります。ただ、多くの地震の震源が海域であったり、五〇キロを超える地中深くで起きるために７００ガル以上の地震動をもたらす地震が比較的少ないだけなのです。

複数箇所の観測地点で観測されることになります。東北地方太平洋沖地震のような巨大地震では700ガル以上の地震動が観測された地点は極めて多数に及びました。

私は、**表1**（36頁）が単に国土交通省国土技術政策総合研究所という権威のありそうな機関が作成したからこの表を信用しているわけではありません。表1の対応表は、気象庁の地震データベース、K-NETのデータ上のガル数と震度を照らし合わせた結果、目安として用いる場合には信頼できると確認できたからです。そして、この表1によると、700ガルを基準地震動とする大飯原発は震度6弱の地震で危うくなり、震度7の地震によって絶望的な状況になるのです。また、三井ホームの耐震性に比較しても遥かに劣ることから、地震による事故発生確率は極めて高いといえます。したがって、ビートたけし氏の原発についての発言は完全な誤りで、原発だけは被害も大きくて事故発生確率も高く、いわば「**パーフェクトな危険**」といえます。

そして三井ホーム等のハウスメーカーの耐震性が例外的に高いというわけではないのです。改正された建築基準法は一般住宅も震度6強〜震度7にかけての地震に耐えられるように建築することを命じています。福島第一原発を襲った地震は震度6でしたが、福島第一原発の基準地震動（600ガル）を簡単に超えてしまったのです。そして、一部の専門家は、「津波が来る前に地震で福島第一原発の命綱である非常用発電機の一系統や緊急炉心冷却装置が破損した」と指摘しています。[*8] 一方、福島第一原発がある大熊町や双葉町の街並みはそのまま残っており、地震で大破した家はごく希《まれ》であることがストリートビューでも確認できるのです。

【パーフェクトな危険】 福島第二原発および女川原発（宮城県）が東北地方太平洋沖地震による過酷事故を免れたことをもって、一部の評論家が「我が国の原発は一〇〇〇年に一度の地震に耐えることができた」という発言をしています。この発言は地震の大きさ（マグニチュード）と地震の強さ（震度ないしガル）を故意に混同させることによって原発の安全性を誇張していると思われます。東北地方太平洋沖地震は文字通りの超巨大地震（M9）でしたが、陸地から一三〇キロメートルあまり離れた海域で起きたため、東北地方の太平洋岸に面する各原発敷地に及ぼした地震動は震度6にとどまったのです。表2、表3を見れば、それより遥かに小さな地震（M6台の地震規模）であっても時には1500ガルを超える地震動をもたらすこともあるのです。

＊8　専門家の「破損した」という指摘に対して、東京電力は「破損していない」と否定するばかりです。このような指摘があれば、東京電力は「基準地震動を超える地震動ではなかったから破損するわけがない」と反論するのが本来の姿であるはずです。しかし、基準地震動を超えてしまっているために本来あるべき反論ができないのです。

もし東北地方太平洋沖地震が陸地から五〇キロ以内で起きたならば、想像を絶する揺れが各原発を襲ったと思われます。
そして、東北地方太平洋沖地震のようなプレートとプレートの境目付近で起きる巨大地震が原発直下付近で起きる可能性が指摘されているのが静岡県の浜岡原発なのです。図4（47頁）、図8（65頁）を照らし合わせると、浜岡原発の真下付近にプレートとプレートの境目があることが確認できます。このような地震に直撃された場合、浜岡原発はひとたまりもありません。菅直人元総理が二〇一一年五月に浜岡原発の運転停止を中部電力に要請したのはこのような理由によるもので、原発推進派からの「浜岡原発だけを止めたのはおかしい」という批判は当たらないのです。

また、原発推進派の人は三・一一前には、「事故が発生する可能性は隕石が当たる確率に等しい」とか「絶対に安全だ」と言っていましたが、三・一一後には「何ごとにも絶対的安全性が保障されないのは当然だ」、「大飯原発福井地裁判決は絶対的安全性、**ゼロリスク**を求めるもので不当だ」と主張をしています。その変わり身の早さと身勝手な言い分には呆れるしかありませんが、それに対して脱原発派の人も「絶対的安全性に近い安全性が原発には求められる」と応酬し、訴訟の中でも絶対的安全性論をめぐる議論がなされています。しかし、原発の耐震性が５０００ガルも、６０００ガルもあるのなら、絶対的安全性の議論をすることも理解できるのですが、700ガルや800ガル程度の耐震性を目の前にして、絶対的安全性の議論をしているのは全く場違いな話をしているように私には思えます。

【純粋のゼロリスク】 大飯原発福井地裁判決（本書一五四頁に判決要旨を掲げています）は、福島原発事故のような過酷事故が発生する具体的危険が万が一でもあるかどうかを判断基準として、大飯原発の実際の耐震性、構造、防御システムについて危険性を具体的に検討しています。ここでいう万が一の危険というのは絶対的安全性の要求、純粋のゼロリスクという概念とは違うのです。

純粋のゼロリスクとの第一の違いは放射性物質によって国土の荒廃をもたらした福島原発事故のような過酷事故を起こしてはならないと言っているのであって、原発施設内にとどまる限り大事故であってもここでは問題としていません。

第二の違いは具体的危険を問題としているのであって、隕石が落ちるかもしれない、飛行機が落ちてくるかもしれない、従業員が何らかのミスをするかもしれない、何万ガルという地震が起きるかもしれないというような抽象的危険を問題としているわけではないことです。我が国ではそう珍しくもない強さの地震が原発敷地を襲うことによって過酷事故が起きることを心配しているのです。

誤解してほしくないのは、万が一の危険が許されるのかどうかという議論によって大飯原発の運転差止めの結論が決まったわけではないということです。大飯原発の耐震性、防御システムを具体的に検討した結果、「万が一の危険という領域をはるかに超える現実的で切迫した危険」（福井地裁判決要旨一六三頁）が認められたのです。

そして、他の原発の基準地震動も柏崎刈羽原発1～4号機を除くと大飯原発と大差はないのです。次頁の**図4**は日本各地の原発の所在地と稼働状況を示しています。**表4**は我が国の原発の基準地震動の推移を示していますが、表4の原発の多くは建設時から**二五年以上経過した原発**です。時を経るにつれて耐震性が上がっていくという不可思議で怪しげなことを重ねた後においてもなおこの程度の耐震性しかないのです。大飯原発の抱える耐震性の低さは他の原発も共通して抱える最も重要な問題なのです。

【老朽原発】 なかでも四〇年以上を経過した原発を老朽原発と呼びます。老朽原発は運転してはいけません。自動車でも家電でも老朽化すれば動いている途中で突然止まりますが、自動車が突然止まっても後ろから衝突されない限り事故にはなりませんし、家電の場合も大事故にはなりません。しかし、原発は運転中に突然止まったら冷やすことができなくなり大事故になるのです。四〇年前に製造された飛行機に乗ることを想像してみて下さい。

図４　原子力発電所の所在地と稼働状況（2021年1月4日現在）

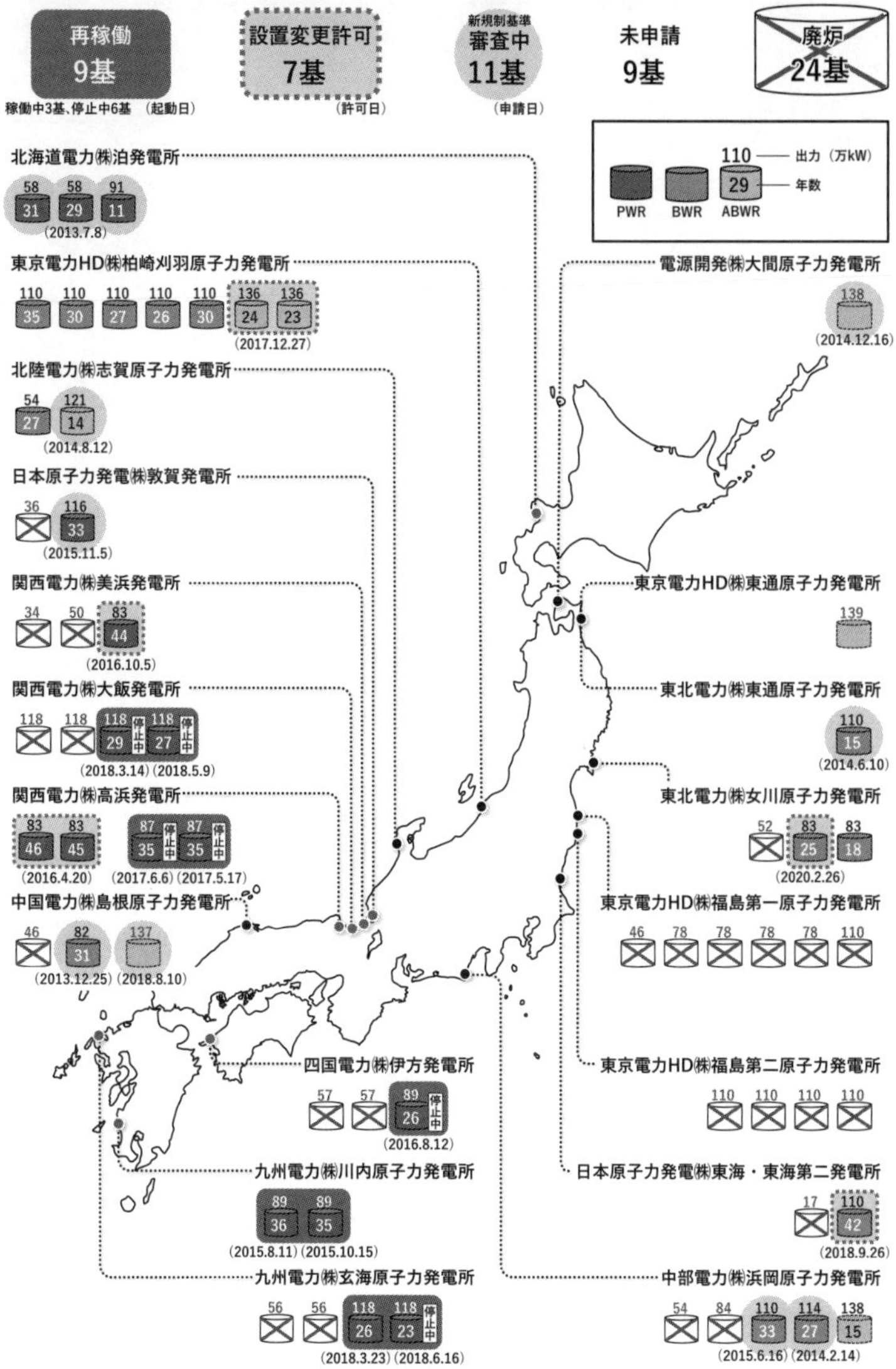

出所：資源エネルギー庁「日本の原子力発電所の状況」より作成。

表4　基準地震動の推移（単位ガル）

発電所		建設当時	3.11当時	2018年3月時点
泊（北海道）	1～3号機	370	550	620
大間（青森）		450		650
東通（青森）		375	450	600
女川（宮城）	1号機	375	580	未申請
	2号機			1000
	3号機			未申請
福島第1（福島）	1～6号機	270	600	
福島第2（福島）	1，2号機	270	600	
	3，4号機	370		
柏崎刈羽（新潟）	1～4号機	450	2300	未申請
	5号機		1209	未申請
	6，7号機			1209
東海第2（茨城）		270	600	1009
浜岡（静岡）	3号機	600	800	未申請
	4号機			1200～2000
	5号機			未申請
志賀（石川）	1号機	490	600	未申請
	2号機			1000
敦賀（福井）	1号機	368	800	未申請
	2号機	592		880
もんじゅ（福井）		466	760	未申請
美浜（福井）	1，2号機	400	750	未申請
	3号機	405		993
大飯（福井）	1，2号機	405	700	未申請
	3，4号機			856
高浜（福井）	1～4号機	360	550	700
島根（島根）	1号機	300	600	未申請
	2号機	398		600
	3号機	456		未申請
伊方（愛媛）	1，2号機	300	570	未申請
	3号機	473		650
玄海（佐賀）	1，2号機	270	540	未申請
	3，4号機	370		620
川内（鹿児島	1号機	270	540	620
	2号機	372		

出所：小岩昌宏・井野博満『原発はどのように壊れるか』原子力資料情報室、110頁。

地震が建物や設備にどの程度の衝撃を与え、損傷や故障をもたらすかについては、ガル（加速度）のほか、カイン（揺れの速度）、揺れの幅、地震の継続時間、強い揺れの繰り返しの有無などの諸要素があります。規制基準はガル（加速度）を中心に規制をしていますので、その規制基準の考え方にそって、基準地震動のガル数を観測記録上のガル数と照らし合わせてその水準を見てきたのですが、カイン等の他の要素を持ち出すまでもなく、その脆弱性は明らかなのです。

また、本書では、地震に襲われたときに「止める」ことができなくなった場合の危険も、火山の危険も、津波の危険も、テロの危険も取り上げていません。地震によって運転中の核燃料を冷やすことができなくなった場合の危険性だけを取り上げています。それは、福島原発事故で実際に起きたこと、起きるおそれがあったことだけで原発の危険性を充分に伝えることができるからです。

第2章

原発推進派の弁明

第1章で述べたように、原発事故は被害が想像を絶するほど大きく、しかも事故発生確率も極めて高いことが明らかになったのですから、原発の運転は止めざるを得ないのです。しかし、原発推進派は様々な弁解や正当化事由を述べています。そこで、その一つひとつについて検討していきます。

一番目は、原発の設計と住宅の設計は性質が違うので住宅とは比べられない、原発が地震の揺れで傾いたり壊れたりすることはないという主張です（「一番目の弁明」といいます）。

二番目は、原発の設計は地表面の揺れを基準としていないから、地表面での観測記録と比べてはいけないという主張です（「二番目の弁明」といいます）。

三番目は、地震の予知予測に関する主張です（「三番目の弁明」といいます）。

四番目は、原発の運転が社会的にみて必要だという主張です（「四番目の弁明」といいます[*1]）。

1　住宅とは比較できない――一番目の弁明

原発の耐震性が低いのではないかという疑問が提起されると電力会社は、「原子炉や格納容器は充分な耐震性がある。住宅等と原発とは単純に比較できない」と答えるのです。確かに原子炉や格納容器が地震の揺れで直接損壊することは極めて考えにくいことはそのとおりです。しかし、原子炉や格納容器に繋がれている配管が地震によって破損したり電気系統の故障が原発の運転中に起きれば冷却機能が失われメルトダウンし、そうなるとそれ自体は極めて堅固な原子炉や格納容器さえも破損してしまうのです。そのことは福島原発事故が教えてくれています。原発は安全三原則を守らなければならないため、地震後においても、核燃料を冷やし続ける

＊1　他に、「原発は運転していなくても危険なのだから同じことなら運転した方が経済的だ」というなんとも奇妙な開き直った主張をする人もいます。原発の運転をしていなければ、地震の際に「止める」ことに失敗する事故はなくなります。運転をしなければ核燃料はどんどん冷えて行き、「冷やす」ことに失敗する事故の確率が格段に減り、熱を持たない核燃料は「閉じ込める」ことも容易になるのです。だから、このような主張をする人は安全三原則の意味が分かっていないか、それに目をつぶっているかです。
また、「基準地震動を超える地震に襲われても直ちに事故になるわけではない」というような主張をする人もいます。これは、「速度違反をしても必ずしも事故になるわけではない」「事故になっても必ずしも怪我をするわけでもない」というたぐいの取るに足らない主張です。現在の状況は、運を天に任せて、「基準地震動を超える地震が来ませんように」「来ても大事に至りませんように」と神頼みをしているようなものなのです。

ための電気と水を必要とし、電気または水が失われれば大事故になります。だから、構造さえ丈夫なら断水しても、停電しても差し迫った危険はない住宅とは耐震性の考え方が違うのは当たり前です。

住宅は命と生活を守ってくれる場所です。地震の時に住宅で命と生活を守るということは、停電しても断水しても差し迫った危険はないが、建物は倒れてはいけないという意味での耐震性が必要です。しかし、原発は停電や断水が大事故に繋がり大勢の人の命と生活を奪うので[*2]、そうならないためには、配管、配電を健全に保つという意味での耐震性が原発には求められるのです。ともに命と生活を守るために必要とされる耐震性なのですが、住宅の耐震性の対象が構造だけであるのに対し、原発の耐震性の対象は構造のみならず、配管、配電関係にまで及ぶのは当然のことなのです。

「原発の耐震性の対象は住宅よりも広範囲だから住宅よりも耐震性が低くてもよい」という考え方は、原発の近くに住む人の命と暮らしを軽視していることにほかなりません。

2　原発の耐震設計は地表を基準としていない──二番目の弁明

表2（36頁）、**表3**（40頁）のように表にして並べると、原発推進派は、「表2の★印や表3の

黒丸は地上に地震計を置いて測った数値。原発の基準地震動は岩盤のある地下を基準にしている。地下と地上の揺れは違うので、基準地震動と観測記録を比較してはいけない」と言うのです。

しかし、地上での揺れが地下での揺れの三倍にも四倍にもなるのなら、単純に比べることは許されないかもしれませんが、本当に地上の揺れの方が地下よりも遙かに大きいのでしょうか。柏崎刈羽原発を例に挙げると、同原発敷地を中越沖地震が襲ったとき、地下の揺れは１６９９ガルでした。仮に、地上の揺れが地下の揺れの三倍だとしたら地上では約５１００ガル、四倍だとしたら約６８００ガルの地震が記録されることになりそうですが、表２に中越沖地震は載っていません。なぜなら、柏崎刈羽原発は柏崎市と刈羽村にまたがっていますが、地上での観測地点では最高で１０１８ガルしか出ていなかったからです。地上の方がむしろ揺れが低かった

＊２　原発推進派から、「福島原発事故では直接の死者は一人も出ていない」というような原発事故を過少評価する主張がなされていますが、複数の爆発に伴う死者がなかったのも奇跡的ですし、急性の放射線障害が出なかったのも数々の奇跡が重なったからなのです。吉田昌郎所長は自分の死を覚悟しましたし、菅直人元総理は日本の崩壊を意識したことを忘れてはならないのです。

図５　柏崎刈羽原発における現実の地震動と基準地震動

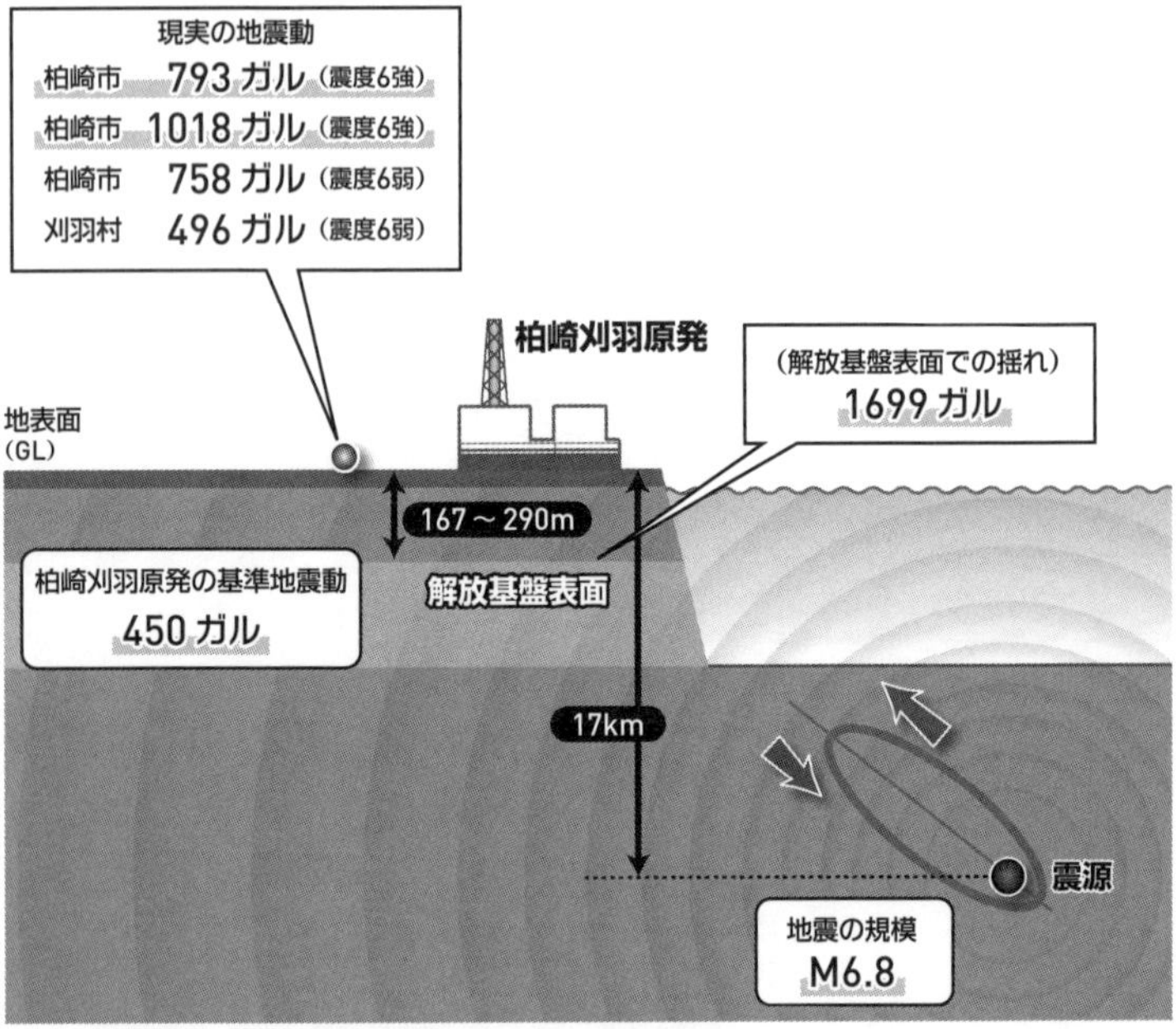

出所：広島地裁伊方原発運転差止め仮処分申立書より作成。

のです。これらの関係を示すと**図5**のようになります。

福島第一原発でも同様のことが言えます。地下では基準地震動600ガルを上回る675ガルでした。福島第一原発は大熊町と双葉町にまたがっていますが、地上の観測地点でも大きく変わることのない数値が計測されています。その関係を示すと**図6**のようになります。

福島第一原発においても、原発敷地の地下での加速度が周辺の観測地点の地表面での観測値を大きき

図６　福島第一原発における現実の地震動と基準地震動

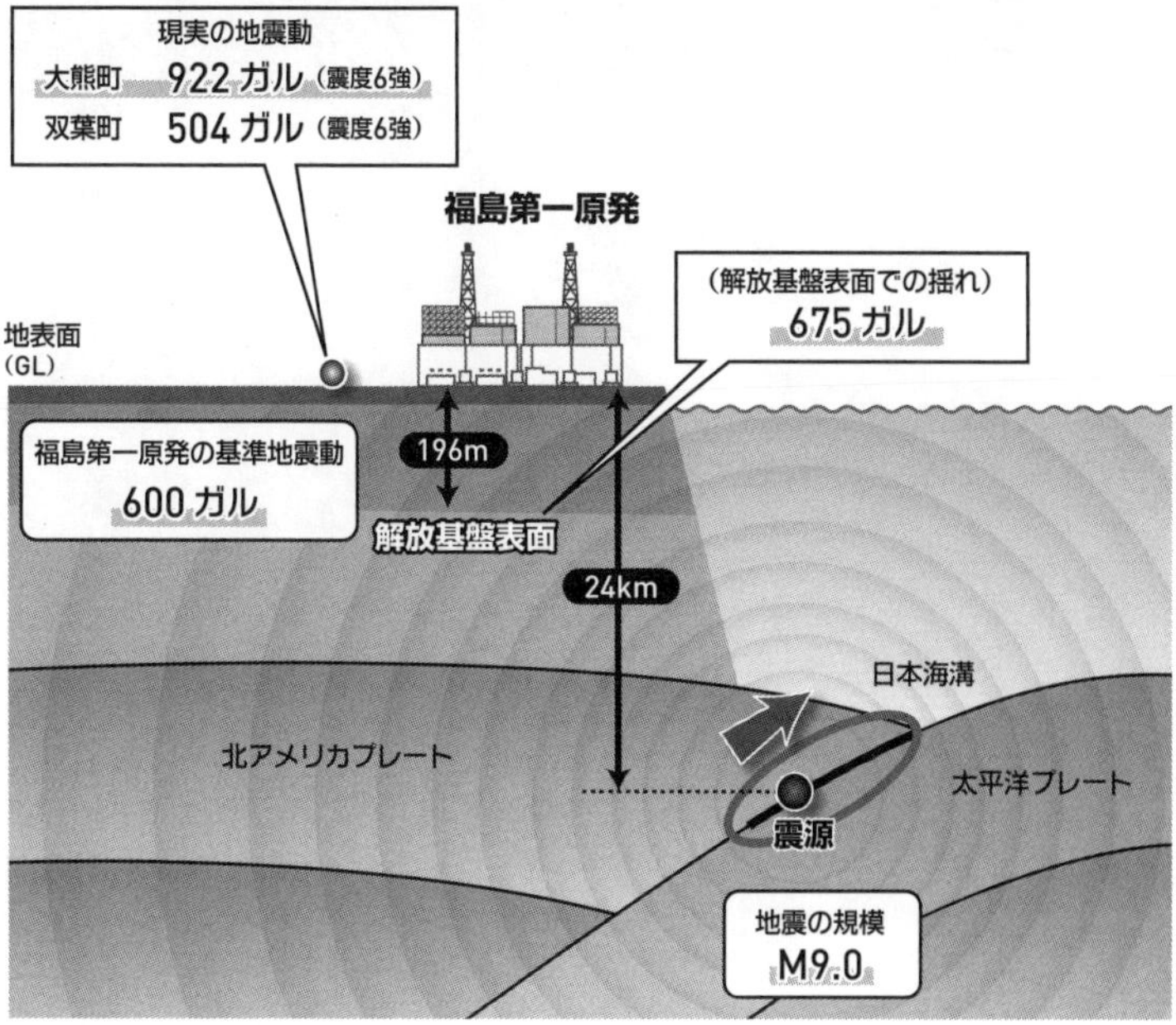

出所：図５に同じ。

く下回っているわけではありません。他の、原発で検討してもほぼ同様です。地上の揺れが地下の揺れよりも大幅に大きくなるという法則性はないのです。

そうすると、表２、表３のように原発の基準地震動のガル数と地表面における地震記録のガル数を比較することは可能であり、それによって原発の基準地震動の低さを充分に示すことができるのです。

専門的には原発の設計の基準を「解放基盤表面」と言いますが、地下の岩盤のことと理解してもらってかまいません。図５、図６を見れば、原発推進派が「原発は強固な岩盤の上に建っている」というのは誤解を招く表現だと分かってもらえると思います。福島第一原発も柏崎刈羽原発も岩盤と呼べるようなものは地下約二〇〇メートルのところにあり、原発が岩盤の上（正確には岩盤の上の地層の上）にあることは間違いないのですが、岩盤上に直接建っているわけではありません。大飯原発や伊方原発のように岩盤が地表面まであり、岩盤に直接建っている原発もありますが、そのような原発はむしろ例外です。大飯原発や伊方原発のような岩盤上の原発の場合には地表面の揺れを基準に設計しているため、よりシンプルに基準地震動と各地で計測された地震の観測記録とを比較して、その低さを確認することができるのです。

すなわち、解放基盤表面が地下にある柏崎刈羽原発や福島第一原発をはじめとする多くの原発では、解放基盤表面を基準とする基準地震動が我が国の地震の観測記録と比較して低水準であることは、図5、図6のような作図をして地上の揺れ（観測記録）と地下の揺れ（解放基盤表面）に大差がないということを確認することによって示すことができます。他方、伊方原発や大飯原発では、そのような確認を経るまでもなく基準地震動が我が国の観測記録において低水準であること、すなわち、平凡な地震でも基準地震動を超えてしまうことが分かるのです。

3　強震動予測――三番目の弁明

(1)　問題の所在

以上に見てきたような原発の耐震性の低さが許されてよいはずはないのですが、関西電力は強震動予測という学問を背景に、「大飯原発の敷地に限っては700ガル（表1によれば、震度6弱に相当）以上の地震はまず来ません」といい、他の電力会社も同様な主張をし、原子力規制委員会も「それで良し」としています。我が国において地震予知は一度も成功していないにもかかわらず、関西電力は、「700ガル（基準地震動）を超える地震動は将来にわたって大飯原発の敷地には来ません」と言っているのです。そのような主張が果たして信頼できるのかという問題です。

表4（48頁）を見ただけで、大飯原発をはじめとする多くの原発の耐震性が極めて低いということが分かります。表4の新潟県柏崎刈羽原発は、中越沖地震によって地下（解放基盤表面）で1699ガルの地震動に襲われたため、後追いで同原発の1号機から4号機の基準地震動は2300ガルに引き上げられました。表4によると柏崎刈羽原発の建設時の基準地震動は450ガルで実に五倍も引き上げられたのです。柏崎刈羽原発1号機から4号機までの耐震性が本当

に2300ガルになっているのかは極めて疑問なのですが、仮に耐震補強工事によって2300ガルの耐震性を確保するに至ったならば、大飯原発の耐震性（700ガル）は柏崎刈羽原発の三分の一にも満たないものということになります。新幹線も、高速道路も、ハウスメーカーの住宅も技術的に可能な限りの耐震性を求めて全国一律に建設され、地盤が特に弱いところに対して補強工事を加えるのです。仮に、住宅を建築してもらうときに新潟の住宅の三分の一の耐震性しかないと言われ、その理由が「ここには新潟県と違って強い地震は来ませんから」ということだとしたら、どう思うでしょうか。あなたの理性と良識はこれを許すでしょうか。

原発は住宅の場合と違って、構造だけでなく配管や配電等の多方面にわたる耐震性が求められるため、建設後に耐震性を引き上げることは容易ではありません。配管を丈夫にするためには太い配管に取り替えることが考えられますが、配管もすでに放射性物質で汚染されているために取り替えはけっして容易ではありません。私が担当した高浜原発の仮処分のとき、「高浜原発の基準地震動が550ガルから700ガルまで上がっているが、どのような工事をしたのか。エレベーターを一〇人乗りから一五人乗りにするなら、ワイヤーを取り替えるはずだが、それに対応する工事はしたのか」と質問したら、関西電力は「配管を支える等の工事をした」と答えました。「絶対的安全性をうたっていたのだから、それくらいのことは建設時に当然やっておくべきだ」と思いましたが、配管補強さえこのように困難を伴うのです。そして、配電関係の耐震性を高めることはもっと難しいでしょう。単に停電しなければよいわけではなく、誤発信によっても事故に直結するからです。仮に、水位や圧力、弁の開閉を示す表示に誤りが生じれば、直ちに従業員の誤った判断を招くことになるからです。

表4（48頁）によると、柏崎刈羽原発に限らずすべての原発で複数回にわたる大幅な基準地震動の引き上げがなされています。建設後にこのように耐震性を大幅に引き上げることができるのかについては信頼できる専門家の意見を是非ともうかがいたいところです。

(2) 強震動予測の信頼性

強震動予測は三重苦の中にある

「地震学というのは三重苦の中にある」と、ある著名な地震学者が言っています。強震動予測を含む地震学は、第一に観察できない。地下何十キロで起きて、ほとんどの地震は一分以内に終わるから観察できないのです。第二に大規模過ぎて実験できない。第三に前記のようにまともな資料は二〇〇〇年以降の二〇年分しかないのです。科学とは真理を探求することをいいますが、観察して実験して資料を集めて考察し真理に迫ろうとするのが科学ですから、地震学は科学の基礎が見事に欠落しているといえます。

科学で一番困難なのは将来予測

三重苦の中にある地震学が、観察、実験、資料が備わった通常の科学、例えば宇宙から刻々と変化を観察することができる気象学、遺伝子分析さえできる医学においても、難しいとされている将来予測をしているのです。しかも、その将来予測は単に地震が起きる確率が高いか低いかというものではなく、電力会社は「これ以上の強い地震は来ません」という恐ろしすぎる内容の将来予測[*3]を、科学の成果と称して行っているのです。

二〇一七年七月に福岡県朝倉市を中心とする豪雨があり、気象庁は七月五日に二四時間の最大降雨量は一八〇ミリメートル（一八センチ）との記録的短時間大雨情報を出しましたが、実際の降雨量は一〇〇〇ミリメートル（一メートル）に達しました。気象庁は、宇宙から観測し、気圧配置はもちろん、前線の位置、雲の広がり、雲の高さ等を知り、現に雨が降り始めてから予想しているにもかかわらず五倍間違えたのです。地震学は何も分かっていないなかで、電力会社は「今後少なくとも数十年にわたって700ガルを超える地震は来ません」と言っているのです。

万有引力の発見者であるアイザック・ニュートンは次のように言っています。

「私は浜辺で遊んでいる子どものようなものである。時々普通よりも滑らかな小石や綺麗な貝殻を見つけて夢中になっている。真理の大海は全て未知のまま目の前に広がっているというのに」

これは自然科学の本質を突いています。

原発の設計は科学に基づかなければならない

原発の設計は科学に基づかなければなりません。科学は何よりも事実を尊重するのです。実際に測ってみたら1000ガルや2000ガルの地震は珍しくないというのが科学的事実です。

一九一二年にドイツの地球物理学者のウェゲナーが大陸移動説を発表しました。**図7**の地図から分かるように、地図の左端で南アメリカの東部分、ブラジルの当たりのふくれた部分とアフリカの西海岸の凹んだ部分はピタリと当てはまります。ウェゲナーは「昔は南アメリカ大陸

＊3　「強い地震が来る」という地震予知がはずれたとしても地域社会に混乱をもたらすにとどまりますが、電力会社の「これ以上の強い地震は来ない」という予測がはずれると地域社会自体が崩壊するのです。

図7　地球表面を覆うプレートと地震発生場所

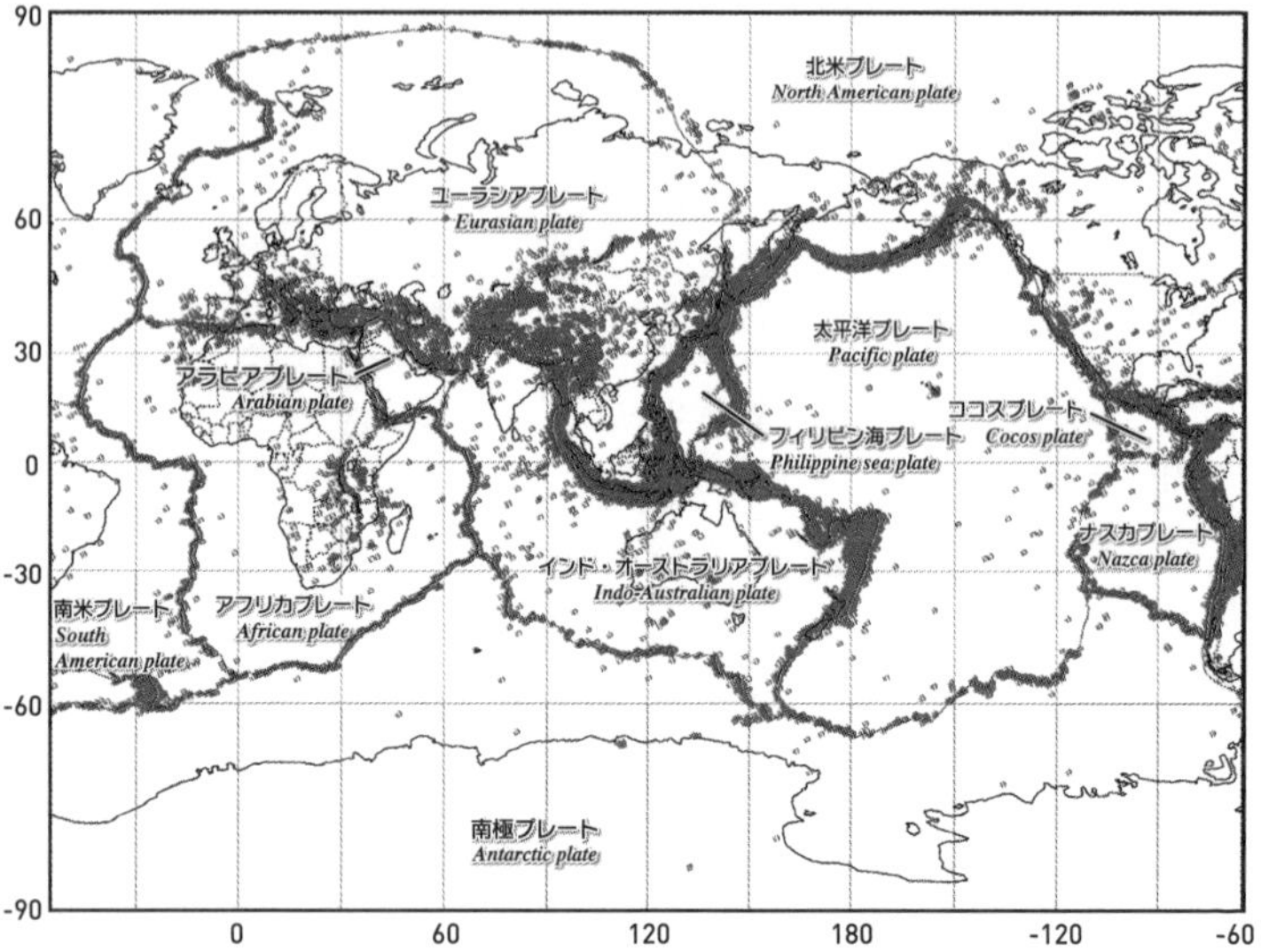

出所：気象庁「地震発生のしくみ」より作成。

とアフリカ大陸は一つであったが、離れて行った」と発表し、当時天下の笑いものになりましたが、後に彼の大陸移動説は正しいことが証明されました。

地球の表面部分は一〇枚あまりのプレート（岩盤）によって形成され、大陸も海もプレートの上に乗っています。南アメリカ大陸とアフリカ大陸は一つの大陸だったのですが、二つのプレートの上に乗っていたため、プレートの動きによって離れて行ったのです。逆にインドは今よりずっと南にありましたが、プレートの動きによってユーラシア大陸とぶつかってヒマラヤ山脈が形成されました。だからヒマラヤ山脈からアンモナイトの

図８　日本列島が乗る４つのプレート

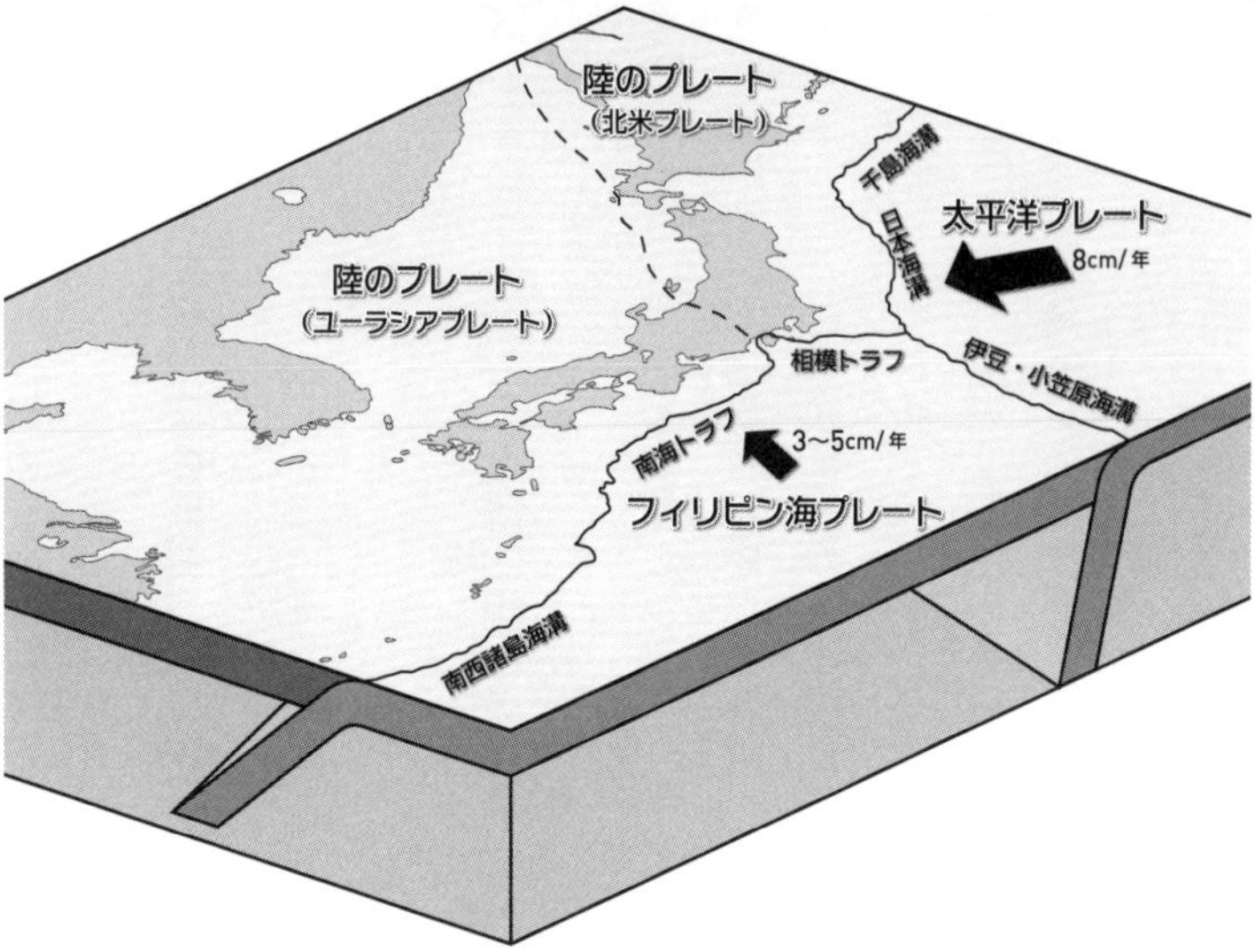

出所：図７に同じ。

化石が見つかるのです。プレートというのは大陸を引き離したり、ヒマラヤ山脈を形成したりするほどのエネルギーがあり、そのプレートとプレートの境目で地震が起きています。図７の赤い点はＭ４以上の地震の発生場所を示していますが、その多くが、プレートとプレートの境目付近で起きていることが分かると思います。

我が国は、赤い点によって完全に形が見えなくなっています。我が国は、**図８**に示すように、四つのプレートの境目に存在する世界で唯一の国で、世界の一〇分の一以上の地震が我が国で起き、国内に地震の空白地帯はないのです。このような状況下にあるにもかかわらず、我が国の原発の耐震性は極めて低水準なのです。

ここ二〇年間の地震の観測記録という客観的、科学的事実および我が国が四つのプレートの境目に位置するという動かしがたい事実に照らすと、現在の原発の基準地震動は極めて非科学的だといえるのです。

(3) 三・一一前の私と訴訟担当後の私

しかし、今だからこのように言えるのですが、私自身三・一一の前までは原発の安全性について疑問を抱いたことはなかったのです。

私が静岡地裁で勤務していたとき、司法修習生を引率して研修の一環として浜岡原発の見学に行きました。司法修習生の一人が「地震に原発は耐えられるのか」と中部電力の係員にしつこく質問していた時も、私は「なんて馬鹿なことを聴くのか」「大地震に備えているのは当たり前だろう」と思っていましたので係員の耐震性に関する説明に納得していました。それは、当時、**東海地震**の発生が強く警戒され、浜岡原発は東海地震の震源域にあったため、常識的に考えて、そのような大地震に備えていないはずがないと思っていたのです。

【東海地震】 静岡県浜松市の浜名湖南方沖の遠州灘から同県沼津市沖の駿河湾に至る駿河トラフ下のプレート境界で発生すると想定されている地震。一九七〇年代以降注目されるようになり、直前予知に基づいた予知体制が構築されるとともに、防災運動が展開されていました。前回発生から約一五〇年となる一九九〇年代から二〇〇〇年代にかけて、複数の研究者が発生時期が近いと予想していたのです。

また、**チェルノブイリ原発事故**の際には、東大の教授がテレビで、「日本の原発とソ連の原発は全く構造が違い、ソ連の原発には格納容器さえない。日本の原発は『止める』『冷やす』『閉じ込める』の原則が徹底しているから安全だ」と言うのを聞いて、なんとなく、格納容器があれば大丈夫だと思い込んでしまいました。考えてみれば、チェルノブイリ事故のような爆発事故が起きれば、たとえ格納容器があったとしてもそれさえ吹き飛んでいたかもしれませんし、福島第一原発の2号機では実際に格納容器の圧力破壊の直前まで至っていたのです。

【チェルノブイリ原発事故】 一九八六年、当時のソビエト連邦（現在はウクライナ共和国）のチェルノブイリ原発で起きた原発事故。四基ある原子炉のうち、一つが突然爆発炎上し、多量の放射性物質が放出され、ヨーロッパ各地にまで汚染が広がりました。事故原因は従業員の操作ミスだといわれていますが明確ではなく、死者の数も諸説あります。原子炉の周りは石棺と呼ばれるコンクリート等によって固められています。

安全三原則についても、東大教授の自信たっぷりの話しぶりから、私は、「我が国の原発は、地震の際でも、『止める』『冷やす』『閉じ込める』のうち、一つでも成功すれば大事故には至らないのだろう」となんとなく思ってしまいました。

そのため、三・一一以前に金沢地裁で井戸謙一裁判長が地震による原発事故の危険性を説き、志賀《しか》原発の運転差止め判決を出したのですが、今読むと素晴らしい判決ですが、その判決を読もうとさえしなかったのです。

福島原発事故が起きたことによって、「止める」「冷やす」「閉じ込める」の三つ全てが成功しないと大事故に至るということを初めて知ったのです。福島原発事故は、地震や津波で原子炉等の重要な施設が損壊したことが原因であのような過酷事故になったわけではないのです。核分裂反応を「止める」ことには成功したが、電気が断たれたことで核燃料を「冷やす」ことができなくなり、あのような過酷事故になってしまったということを知りました。その時初めて、原発の持つ本質的な危険性に気づかされたのです。

それでもまだ、大飯原発運転差止め訴訟を担当するまでは、福島第一原発は津波でやられたのであって、「地震に対してはそれなりに丈夫にできているだろう、電気系統や配管系統にも高い耐震性があるだろう」と思っていました。

福井地裁に、大飯原発運転差止め訴訟が二〇一二年一一月三〇日に提起されました。福井地裁の裁判官は、通常三年で次の任地に異動します。原発の運転差止め訴訟は判決までに五年以上かかるのが普通で、二〇一二年四月に福井地裁に異動してきた私が判決を書くことはないと思っていました。それと同時に、もし大飯原発が危険だということが分かったなら早期に判決を書かなければならないとも思っていました。というのは、大飯原発は三・一一後に、最初に再稼働された原発で、その後定期点検のために止まっていましたが、規制委員会が早期に再稼働の許可を出す可能性があったからです。

運転差止めの判決は、運転差止めの仮処分の決定と違って原発の再稼働を直ちに止める法的な効力はありませんが、原発が動き始めてから「原発を動かしてはならない」と判決することは、裁判所が運転開始から判決までの間の危険を事実上容認するに等しいと考えたからです[*4]。また、原発が危険だと判断すれば、稼働前に判決を出すのが裁判所の責任分担であり、そしてその判断に従うかどうかは電力会社の責任分担です。稼働後に「運転してはならない」と裁判所が判断することになれば、電力会社の責任領域を犯すことになると考えたのです。それは電力会社が「『稼働してはならない』という判決の内容に理がある」と、たとえ考えたとしても、一旦動かした原発を止めるということはハードルが高くなるため、「判決が遅れることによって電力会社の健全な判断を妨げる可能性がある」と考えたからです。これは、電力会社を信頼していたかどうかの問題ではありません。お互いの責任領域を尊重するということから生まれる姿勢だと思っています。

私は、原発運転差止め訴訟が福井地裁に近く提起される予定であることを耳にしたとき、あらかじめ何が争点になるだろうかと予想を立てました。地震を原因とする原発の危険性が争点になることは当初から分かっていました。たぶん、原告側は「原発を震度7の地震が襲えば危ない」と主張し、それに対して被告関西電力が「特別に強い揺れの場合にはともかく、普通の震度7なら大丈夫ですよ」と主張し、原発の高度の耐震性の有無をめぐっての技術論争が展開されるであろうと予想しました。ガル数でいうと3000ガル程度の耐震性をめぐる攻防を予想していたのです。

ところが、実際には、当時の**基準地震動**である700ガル程度の地震でも危険が生じることについては明らかでしたし、被告関西電力も1260ガルを超える地震が来れば打つ手がなくなることを認めていたのです。[*5] 分かりやすくいってしまえば、震度6の地震が来れば危うくなり、震度7が来れば絶望的な状況になるのです。ただし、関西電力は「基準地震動である700ガルを超える地震は大飯原発の敷地にはまず来ませんから安心してください」と言ったのです。結局、その関西電力の言い分が信用できるかどうかが争点になったのです。要するに、強い地震に原発が耐えられないことは双方共に争っていないのです。したがって、「強い地震が来ないということを予知できる」という関西電力の主張が信頼できるかどうかが争点だったのです。そのこと自体に私は驚きました。このようなか細い信頼の糸に我が国の運命がぶら下がっていたのですから。

＊4　司法手続は行政手続や経済活動と違ってスピード感がありません。許可されると原発の運転開始まであっという間です。許可が下りてからあるいは許可が下りそうになってから裁判所で許可の適否について判断をしても、そのころにはすでに原発の運転は始まってしまっているのです。この点からしても、人格権に基づく差止め訴訟において許可の手続的な適否を中心に審理する現在の裁判には大きな欠点があると思われます。

＊5　1260ガルという数字はクリフエッジに当たると言われている加速度です。クリフエッジとは崖っぷちという意味で、電力会社も打つ手がないと認めざるを得ないような地震動を言います。

【基準地震動】基準地震動というのは原発の安全を確保するうえで不可欠な施設に限っての耐震設計基準です。原発の施設全部の耐震設計基準ではないことはもちろん、原発の安全に関係する施設の耐震設計基準でもないのです。例えば、外部電源は基準地震動の対象ではありませんし、通常運転時に機能している主給水ポンプでさえ補助給水設備があるからという理由で基準地震動（700ガル）未満の耐震性で差し支えないとされています。また、最後の防御手段である緊急炉心冷却装置であっても基準地震動の何倍かの設計基準で造られているわけではなく、基準地震動を満たせばよいと考えられています。したがって、700ガルを超える地震動に襲われれば極めて危険なのです。

被告関西電力の言い分とそれをめぐる主張は、要するに「地震予知ができるのか、できないのか」を議論しているということにほかなりません。通常地震予知とは、地震がいつどこで起きるか、どのくらいの規模になるかをあらかじめ予想することで、例えば「ここに近いうちに強い地震が来る」ということです。このことと、「ここには将来にわたって強い地震は来ない」ということは表裏の関係に立ちます。関西電力の主張は地震予知ができると言っていることにほかならず、そのような断言ができようはずがないのです。これは理性と良識の問題です。したがって、すみやかに結論が出たのです。二〇一二年一一月に福井地裁に提起された大飯原発の訴訟と前後して各地で原発運転差止め訴訟が提起されましたが、七年あまりを経て、やっと各地での訴訟の判決が出始めています。私の合議体では、一年半で結論が出ました。

仮に、700ガル（大飯原発の基準地震動）を超える地震動が極めて希《まれ》な地震動ならともかく、700ガルを超える地震動を観測した地点は何百か所もあるのです。700ガルも、その後に引き上げられた基準地震動の856ガルも平凡な地震動です。「平凡な地震でも大飯原発の敷地に限っては来ません」というのなら、被告関西電力は誰もが納得する確実な立証をしなければならないのですが、[*6]そんな立証はできるはずがありません。

私は、法廷で、原告代理人弁護士に対し、「我が国では700ガル以上の地震は何回来たのですか」と尋ねたのです。700ガルが平凡な地震であることを立証してほしかったのです。しかし、原告代理人弁護士は残念ながらこれに応じてくれませんでした。私は退官後、原告代理

＊6　仮に、700ガルが我が国の観測記録において高い水準の地震動で、700ガルを超える地震動が観測された地点も一か所にすぎなかったとしましょう。その場合には、「700ガルを超える地震動は地盤が軟らかい場所で観測されたもので、大飯原発の敷地とは違うので大飯原発の敷地には700ガルを超える地震は来ない」という電力会社の主張も充分検討に値することになります。このように、基準地震動の水準と、電力会社の「基準地震動を超える地震動は来ません」という立証の程度は深く関係するのです。

人弁護士に「なぜ、応じてくれなかったのか」と尋ねました。[*7] すると、「解放基盤表面での揺れと観測記録の揺れは違うから」という答えが返ってきました。これはもっぱら電力会社側の専門技術的な主張であり、それに乗せられてしまって、残念ながら適切な判断が妨げられてしまったものといえます。

理性と良識を働かせれば、正しい結論は容易に出るはずです。我が国では700ガルを超える地震は地盤の固いところも柔らかいところも含めていくらでも来ている地震です。事故が起きた場合に甚大な被害をもたらす原発がそのような耐震性しかないのです。「700ガルを超える地震はまず来ません」という電力会社に対する信頼の糸は幻の糸だったのです。

(4) なぜ多くの裁判長は差止めを認めないのか

ここまで読み進めると、「他の裁判長はなぜこんなシンプルなことが分からないのか」という疑問を抱かれるのではないでしょうか。

脱原発の人からは「裁判官が政権または政権に迎合する最高裁に忖度して、あるいはなんらかの圧力を受けたからだ」という答えが返ってきそうですが、私はそうは思いません。多くの裁判官や弁護士に対してたいへんきつい言い方になってしまいますが、多くの裁判長が原発の危険性に気づかないのは、①700ガルに対応するのは震度6なのか、震度7なのか、②700ガル以上の地震が過去に我が国でどれだけ発生しているか、③700ガルという地震が来れば普通の建物は倒れるのか倒れないのかを裁判官が知らないからです。[*8]なぜ知らないかというと、原告側代理人弁護士の多くがこれらのことに関心を持たないために、裁判官に原発の耐震性の低さを伝え示すことができないからです。このように、多くの法律家が一番関心を持つべきと

＊7　訴訟を進めるに当たって裁判所には二つの制約があります。一つ目は公平性の要請です。原告に一方的に肩入れをしていると思われることは避けなければなりませんから、「観測記録上700ガル以上の地震は何度も来ているではないですか、その証拠を早く出してください」というようなことを法廷で何度も言うことはできません。二つ目は職権証拠調べの禁止です。気象庁の地震データベースを見れば、700ガル以上の地震が何回来ているかは簡単に調べられます。しかし、裁判官がそれを自ら法廷に出したり、判決に書くことは禁止されているのです。せいぜい、法廷で原告代理人弁護士に立証を促すことしかできないのです。

＊8　正解は、①震度6、②ここ二〇年間で三〇回発生、③一般の家屋はまず倒れません。700ガルで倒れるのは老朽家屋だけです。

ころに関心を持たなくなる原因は伊方原発最高裁判決の影響のためだと思います。

専門技術訴訟とは――伊方原発最高裁判決の影響①

一九九二年の伊方原発最高裁判決は「原発訴訟は高度の専門技術訴訟である」としています。今でも最高裁は原発差止め訴訟を「複雑困難訴訟」と名付けています。最高裁が「高度の専門技術訴訟だ」と言うと、原告側代理人弁護士も、原告住民も、ついには裁判官までもが、「難しいに違いない」と思い込んでしまうのです。

私は、原発訴訟が専門技術訴訟であることを一概に否定するわけではありません。例えば、「**MOX燃料**は危険だ」と言われても、その危険性を判断するには高度の専門技術知識が必要となります。耐震性の問題にしても、原告が「原発は3000ガルの地震で危なくなる」と主張し、電力会社が「3000ガルの地震でも大丈夫ですよ」と主張して、原発が3000ガルの地震に耐えられるかどうかが争点ならばそれは高度の専門技術訴訟です。しかし、「大飯原発の敷地に限っては700ガルを超える地震は来ません」という主張が信用できるかどうかは、高度な専門技術知識によってではなく、理性と良識によって解ける問題です。高度な専門技術知識が必要な問題かどうかを分析することなく、最高裁が「専門技術訴訟だ」と言ったということだけで、「専門技術の問題だ」と思ってしまうのは一種の権威主義です。ここでいう権威主義とは、内容ではなく誰が言ったかを重んじてしまうことを指します。

【MOX燃料】 MOX燃料とは混合酸化物燃料の略称で、使用済み核燃料に含まれているプルトニウムを再処理によって取り出し、二酸化ウランと混ぜたうえ、既存の原子炉に使う燃料ペレットと同一の形状に加工したものです。これを既存の原子炉の燃料として用いていることからその危険性が指摘されているのです。

私は、大飯原発の運転差止め訴訟において、当事者が地震の専門技術論争を法廷で展開しようとしたとき、「そんな学術論争をやっていたらこの訴訟は何年経っても終わらない。私は、この訴訟が専門技術訴訟と思ったことは一度も無い。次回で審理を終わる」と宣言しました。[*9] しかし、この法廷における私の言葉よりも、「原発訴訟は専門技術訴訟である」という最高裁の言

＊9　私は裁判官に一番必要なのは独立の気概だと思っています。独立の気概を持って振る舞うと、独善的で傲慢に見え、反発や誤解を受けることもあります。しかし、時として裁判官はそのように振る舞うことが何よりも大切だと思います。

葉を信じてしまう人が多いのです。

住民側の代理人弁護士のうち、ある人は三・一一前から、ある人は三・一一の後に原発の危険性を知り、原発の運転を止めないと住民の生命や生活が脅かされると考え、住民らとともに原発差止め訴訟を提起しました。自分の本業をボランティアでするという意味と、本業とは別のボランティア活動をする意味の違いは極めて大きく、その志の高さには敬服するしかありません。彼らの活動がなければ、原発の運転が司法の手によって止められるということはなかったのです。また、今後原発の運転を司法の手で止めることもできなくなってしまうのです。そのような方たちであっても残念ながら、権威主義への誘惑は断ちがたいようです。

規制基準の合理性とは――伊方原発最高裁判決の影響②

また、伊方原発最高裁判決は、「裁判所は原発の安全性を直接判断するのではなく、規制基準の合理性を判断すればよい」としています。福島原発事故を契機に制定された新規制基準では原子力規制委員会の許可を受けた原発だけが運転できることになっています。原子力規制委員会が自ら作成した規制基準に適合するかどうかの審査を経て許可が下りるという仕組みになっています。

合理性とはものの道理に適うことです。規制基準の合理性の判断とは、規制基準が原発の安全性を確保する内容になっているかどうかの判断です。すなわち、原子力規制委員会は福島原発事故を教訓として、原発の安全性を図るために新たに設けられた組織であり、したがって原子力規制委員会が作成した規制基準も当然に国民の安全を図るものになっていなければならないはずです。そうすると、規制基準が国民の安全を図る内容になっていれば合理的、なっていなければ不合理だといういたってシンプルなことなのです。現在の規制基準は「地震学の知見を総動員すれば、各原発を将来襲う可能性のある地震の最大の強さ（ガル数）が正確に計算できるのだ」ということを前提に成り立っています。このことは**表4**（48頁）を見れば、原発ごとに一桁に至るまでガル数を明示して基準地震動を定めていることからも明らかです。

「『あの原発には○○ガルを超える地震は来ません、この原発には○○ガルを超える地震は来ません』と言うことができると、本気で考えているのですか」というシンプルな疑問を電力会社や規制委員会に対して抱けばよいだけなのです。そのような計算や予測はできませんから、住民は基準地震動を超える地震によって原発が事故を起こす危険に常にさらされているといえるのです。このように、現在の規制基準は原発の危険性を容認しているものといえるので、根本的な欠陥があり不合理なのです。

しかし、多くの法律家は、原子力規制委員会の策定した規制基準が正当な手続を踏んで作成されたこと、原子力規制委員会の独立性が高いことや、規制基準の前後の脈絡が合っていて学者が支持しているということになれば、それで合理的と解釈してしまうのです。その理由は、伊方原発最高裁判決が示す合理性を「規制基準の前後のつじつまがあっていて学者が支持していること」だと解釈した裁判例が多数あり、これらの裁判例に従っているからです。いわゆる**先例主義**です。

【先例主義】 法曹界では先例（過去の裁判例）を調べることは当然のように行われています。自分の考えをある程度固めてから先例を確認して自分の考えをさらに深めていくことは大きな誤りを未然に防ぐという意味では良いことです。しかし、自分で考える前に先例を調べてそれを尊重するという意味での先例主義は間違いです。仮に一番目と二番目の先例が間違った判断だったとすると、三番目も、四番目も間違いが繰り返されてしまうことになるからです。

最新の科学技術知見とは——伊方原発最高裁判決の影響③

さらに、伊方原発最高裁判決は「合理性の判断は最新の科学技術知見による」としています。

非常に優れた最高裁の判断だと思います。原発建設当時の科学水準では安全だとされて運転の許可を受けた原発でも、現在の科学水準では危険だと判断されれば合理性がないとして原発の運転を止めることができるという意味です。

原発の耐震性を判断するにあたって重視すべき、伊方原発最高裁判決が言うところのこの「最新の科学的知見」とは、最新の地震学の学説ではなく、厳然たる事実に基づいて得られた誰もが否定しようもない知見であるべきです。一九九五年の阪神・淡路大震災以後全国に地震観測網が整備され、その結果、大飯原発で採用されていた700ガルという地震はわが国では頻発しており、1000ガルを超える地震はもちろん、2000ガルを超える地震も複数あり、最大4022ガルの地震さえ発生していること、最も予知しやすいのではないかと思われ多くの研究者が取り組んできた東海地震でさえ予知ができないとされたこと、これらが厳然たる事実に基づく誰もが否定しようがない最新の科学的知見です。そのように考えると、現在の大飯原発の耐震基準の設定は極めて非科学的だといえます。しかし、多くの法律家は最新の科学技術知見を最新の強震動予測の学説だと解釈してしまうのです。

多くの法律家は科学ではなく、科学者を信奉しています。私は科学を信奉しています。

リアリティの欠如と裁判の現状

このように権威主義、先例主義、科学者信奉主義に陥ると、「地震学者の言うことを完全に理解しないと判断ができない」、「原発の仕組みを完全に理解できないと判決が書けない」と思ってしまうようです。多くの裁判では、例えば強震動予測の武村式という計算式と入倉式という計算式のいずれが妥当かというような学術論争をしています。また、活断層が原発の敷地内を走っているかどうかというような比較的単純に思える問題でさえ、その断層が地震によって生じたものかどうか、地震によって生じたものであるとしても何万年前のものか、どのように走行しているか、調査方法が適切であったか等をめぐって争いが生じているのです。

このような専門技術論争や学術論争にとらわれると、**リアリティ**がなくなってしまいます。ここでいうリアリティとは普通の質問をする力のことを指します。リアリティがなくなると、「700ガルは震度でいうと震度6なのか震度7なのか」「700ガル以上の地震は過去我が国でどのくらい起きたのか」「700ガルが来たら一般の家は軒並み倒れるのか、それとも倒れないのか」というような普通に考えられる質問が発せられなくなるのです。

【リアリティを持つ】 裁判は論理の明快性とともにリアリティを持たなければなりません。そのことは法曹界に身を置く者にとって本来当たり前のはずなのです。司法修習時代に受けた要件事実教育は法律の命じる論理を社会的事実に落とし込んで、リアリティを持たせるという技術です。刑事裁判の事実認定の方法論も刑法学者には求められていない法曹界におけるリアリティの追求手段です。

リアリティを持つということは被災者の身になって考えるということでもあります。もし自分が地震による原発事故によって避難を余儀なくされた時に、そのことを「仕方がないことだ」と思えるとしたら、それは自分の家も勤め先のビルや工場も地震で倒壊した場合に限られるのです。しかし、自分の家も、勤め先のビルや工場も大丈夫だったのに、原発が地震でやられたために避難しなければならない事態はいくらお人好しでも受け容れられるはずがないのです。また社会通念上も許されるわけがないのです。だから、まず原発の耐震性が普通の家や、ビル・工場の耐震性に比べて高いのか低いのかを質問し、それを確認することがリアリティなのです。しかし、学術論争や先例主義にとらわれると、この当たり前の質問をする力がなくなり、このことによって、正しい判断ができなくなるのです。これが現在の裁判の実情なのです。

また、リアリティを持つということは、法曹人（裁判官、検察官、弁護士）としての原点に戻るということでもあります。人格権に基づく差止め請求ならば、命を守り生活を維持するという人格権の根幹部分が放射性物質によって奪われる危険の有無が判断の対象となるわけですから、地震によって原発の安全三原則が犯される危険の有無と程度を考えればよいだけです。そうすると、原発に高い耐震性があるのかないのかが真っ先に問われなければならないはずです。原発の耐震性を観測記録という科学的事実、客観的事実に照らして、高いのか低いのかを考えていくのが自然だと思います。行政訴訟では、行政手続の手続的違法性の有無に重点が置かれるのは理解できます。しかし、人格権に基づく差止め訴訟において、なぜ法律家が原子力規制委員会の手続的問題や**規制基準**の細かい規定に深入りして判断するのか理解できません。

【規制基準】 規制基準の中には「基準地震動は、最新の知見や震源近傍等で得られた観測記録によってその妥当性が確認されていることが必要である」という重要な規定もあります。この重要な規定に着目するのではなく、細かい規定にとらわれてしまうと、前に述べたように（69頁）、許可が出てからその適否について判断することになり、原発が動き出してから判決することになってしまいます。

さらに、リアリティを持って考えれば、例えば、原発推進派からの次のような発言に惑わされなくなります。「原発が危ないといって原発の運転を止めないといけないというのなら、交通事故で年間何千人も亡くなっているのだから、自動車だって運転を止めないといけないことになる」。この発言者は原発事故の本当の被害の大きさも、原発の耐震性の低さも知らないと思われます。そのことはさておくとして、このような原発推進派の発言に対して、脱原発派の多くの人は、原発と自動車を比べるという発想自体に拒否反応を示します。

しかし私は原発推進派の言うように、原発と自動車の両方の運転を止めてみた場合、何が起きるかをリアリティをもって想像したらよいと思います。自動車の運転を本当に止めたら、社会が成り立たなくなり、失業者が街にあふれ、急病人等を含む数え切れないほど多くの人が確実に命を失います。他方、原発を止めても困るのは電力会社とそれに関係する一部の人たちだけで、その人たちを含む極めて多く人の生命と生活が確実に安全になるのです。特に原発で働く従業員は原発が暴走する危険に常にさらされています。福島原発事故は、水または電気が失われると原発が暴走すること、その暴走がどこまで続くかは運任せになってしまうことを我々に教えてくれました。従業員の安全の確保、事故を起因とする電力会社の経営破綻の回避、地域住民の安全、地域社会の存続、我が国の安全のいずれを見ても、電力会社の短期的利益よりも遥かに価値が大きく、またこれらはひとたび失ってしまうと取り戻すことができないものばかりです。このことを電力会社も一度立ち止まって真剣に考えてみてほしいと思います。

国民の多くは、原発に好意的であろうとなかろうと、裁判所が原発の危険性の有無を判断した結果、多くの裁判長が原発の運転を認めているのだろうと思っています。しかし、恐るべきことに、リアリティの欠けた裁判では、裁判所は原発の耐震性が高いのか低いのかについて、すなわち原発の本当の危険性について判断しているわけではないのです。

(5) まとめと新たな問題提起——地震動予測の問題点

今まで述べてきたことをまとめると次のようになります。

我が国では、原発敷地を襲う可能性のある最大の地震の強さ（基準地震動、ガルという加速度の単位で示される）を計算し、その予測結果に基づき耐震補強工事を行っています。大飯原発の場合には基準地震動に係る最大加速度は二〇一四年五月二一日の福井地裁判決言渡しのときは700ガルでした。それは700ガルを超える地震動で原発の施設に破損や故障（とりわけ給水系統の破損や電気系統の故障）が起き、大事故に結びつくおそれがあるということを意味します。言い換えると、基準地震動は将来にわたり大飯原発の敷地には700ガルを超える地震動は来ないということを保障するものでなければならないということです。そこで、「大飯原発の敷地には700ガルを超える地震動はまず来ないから心配いらない」と言えるほどの正確な予測や計算をすることが可能かが問われているのです。特に、700ガルという地震動が我が国の観測史上において格別強い揺れではなく、極めて多くの観測地点で700ガルを超える地震動が観測されているにもかかわらず、「大飯原発の敷地に限っては700ガルを超える地震動は来ない」というような予測や計算はおよそ不可能です。

「実験」「観察」「客観的資料の収集」は科学の基礎ですが、地震は実験も観察もできず、資料は地震観測網が整備された二〇〇〇年からの二〇年分しかないこと（著名な地震学者も地震学は三重苦の学問だと述べています）、また実験、観察、資料が比較的そろっている医学や気象学でも一番難しいのは長期にわたる将来予測なのです。基準地震動の計算方法について論じるまでもないのです。計算方法の問題ではなく、そもそも計算できないのです。

しかし、次のような疑問を抱く人もいるのではないかと思います。現在の科学技術の進歩はすさまじく、「はやぶさ」「はやぶさ2」のように地球から何億キロも離れた小惑星に着陸して土等を採取し、それを地球まで持ち帰るという技術まであるのだから、地震学の科学的知見を駆使すれば原発を襲うこれ以上ないという地震動を正確に予測することも可能ではないのかと。この疑問に答えるためには現在行われている基準地震動の策定方法についての理解が必要となります。今までの話よりも若干難しい話にはなりますが、高校生にも十分に理解できる内容でもあります。

基準地震動算定の手順

将来その原発敷地を襲うかもしれない地震の最大の強さ（ガル）の予測計算は、次の二段階の過程を踏むことになります。

(1) 震源を想定し、そこから発生する地震の規模（M）を推定して特定します。

(2) (1)で特定された地震規模（M）を前提として震源から原発までの距離等によって原発の敷地や施設にもたらされるであろう地震の強さを推定し、計算します。

これを略図で示すと**図9**のようなイメージです。

(1)でいう震源としては、プレート間地震（プレートとプレートが押し合うことによって、押された方のプレートが耐えられなくなり跳ね上がることによって起きる地震、例えば東北地方太平洋沖地震）、すでに知られている活断層が動いて起きる地震（例えば熊本地震）、知られている活断層と関係なく起きる地震（例えば４０２２ガルを記録した岩手・宮城内陸地震）等の地震の類型別の震源を想定するのです。

ここでは、すでに知られている活断層を震源とする地震に基づく地震動策定について考えてみます。この地震動策定は前記(1)、(2)と同様に、次の①、②の手順を踏むことになります。

図9　地震の最大の強さ（ガル）の予測計算の過程

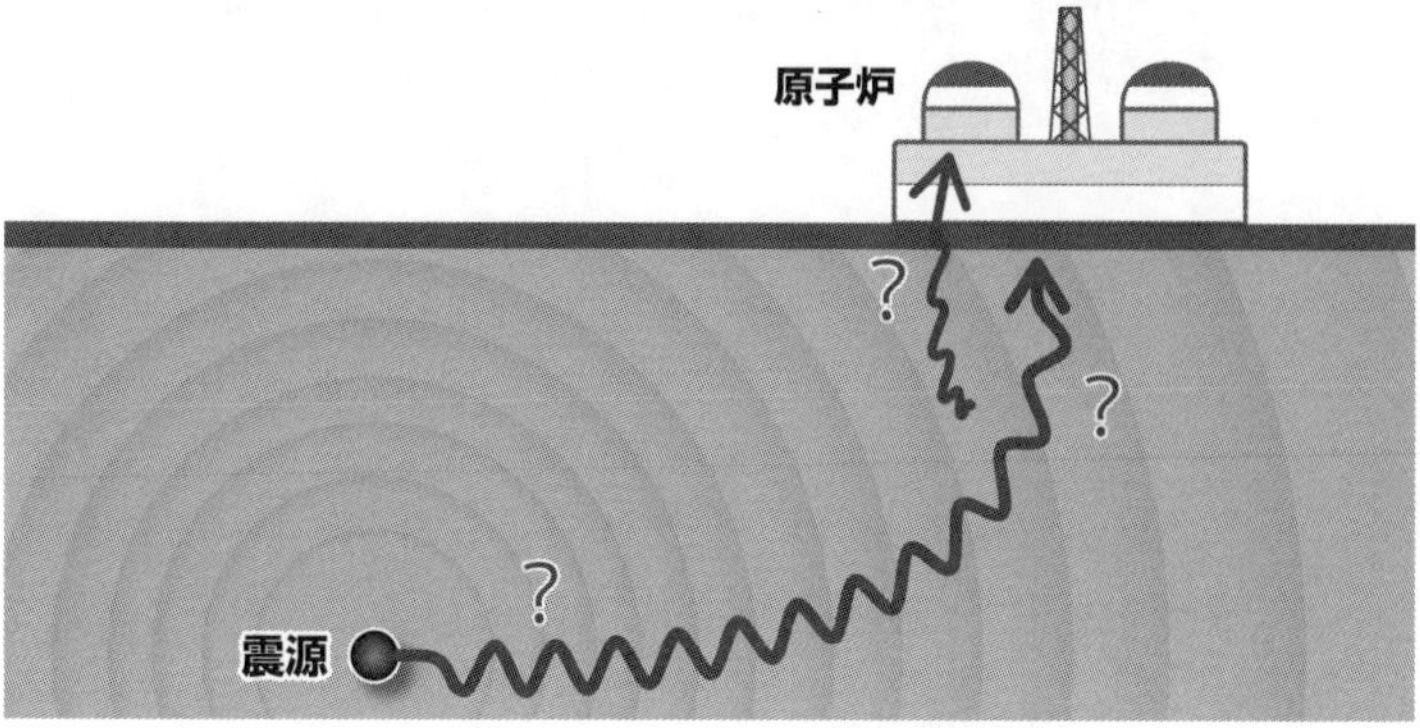

？：震源の位置や地震の伝わり方は推測による。

出所：著者作成。

①　原発の近隣の活断層（過去に地震が発生したときの地盤のずれで地表に残された痕跡）の長さ等から活断層で生じる地震の規模（M）を推定し特定する。

②　①で特定された地震の規模（M）を前提とし、活断層からその原発敷地までの距離や地盤状況等を考慮して基準地震動のガル数を導く。

①の過程でたとえばM７という地震の規模が分かり、活断層の付近では２０００ガルの地震動が記録されるような地震が起きることが予想できたとしても、原発敷地までの距離や地盤の条件によっては原発敷地での地震動は６００ガル程度になるかもしれないので、そこで②の計算過程が必要となるわけです。

二段階目の②の計算過程は極めて複雑であり、専門学術分野に属しますが、一段階目の①の過程は説明を受ければ誰でも理解できる事柄であり、その概要は以下のとおりです。

松田式とは

①の活断層の長さ等からその活断層で起きる地震の規模（M）を求める関係式のうち松田式と呼ばれている関係式が他の関係式の最も基礎となるものです。このことから、以下松田式をもとに説明します。

松田式は、我が国で過去に活断層が動いて発生した一四個の地震の活断層の長さと地震規模（M）との関係を求めたもので、分かりやすく言えば、活断層の長さに応じた平均的な地震規模（M）を求めたものです。**図10**の縦軸が活断層の長さ（km）、横軸が地震規模（M）です。**表5**は図10作成の資料となった一四個の地震の活断層の長さと地震規模（M）を

図10　活断層の長さと地震規模(M)の平均的な関係計算

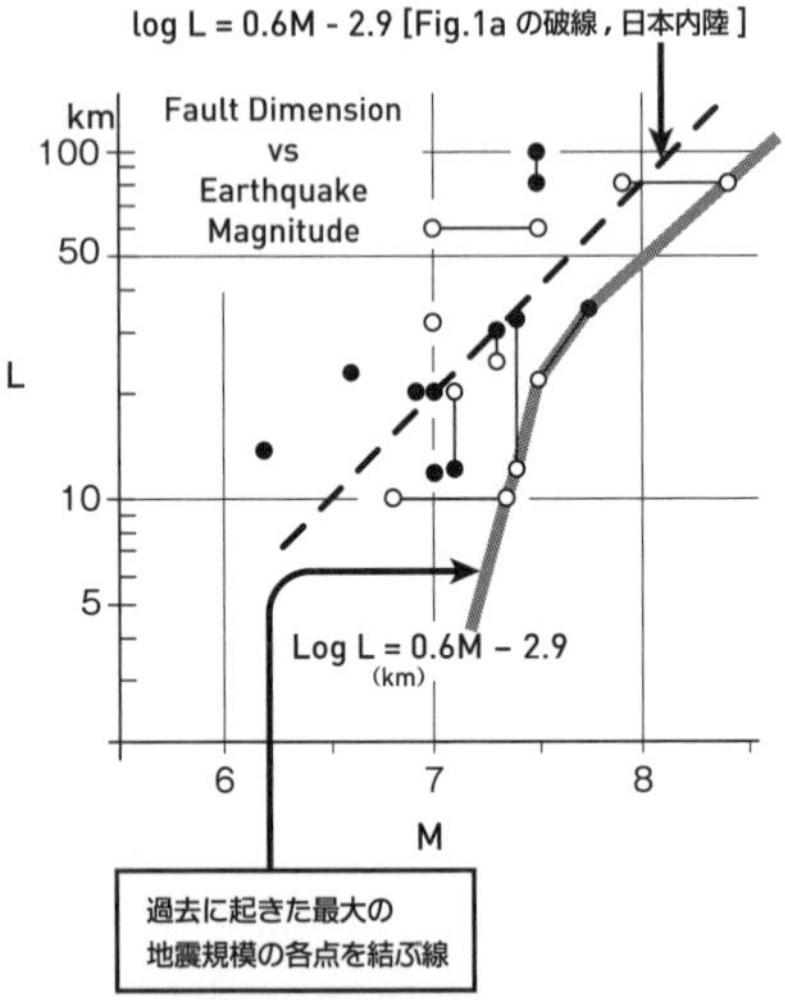

出所：松田時彦「活断層から発生する地震の規模と周期について」地震第２輯第28巻（1975年）より作成。

表5　14個の地震の活断層の長さと地震規模(M)

Table 1. Earthquake magnitude, fault length and fault displacement in historic earthquakes in Japan（inland）.

Earthquake			Fault				
Year	Location	M	Name	Length (km)	Displacement (m)	Ref ＊	**
1891	Nobi	**8.4 (7.9)**	Neodani, ete.	**80**	8	1)	○
1894	Shonai	**7.3 (6.8)**	Yadarezawa	**10**	1	2)	○
1896	Riku-U	**7.5 (7.0)**	Senya	**60**	3	2)	○
			Kawafune	15	2		
1927	Tango	**7.5**	Gomura, etc.	18	2.5	2)	○
			Yamada	7.5	0.8		
				L=**22**			
		7.75		**35**	3	3)	●
1930	N-Izu	**7.0**	Tanna, etc.	30	3.3	2)	○
			Himenoyu	6	1.2		
				L=**32**			
1931	W-Saitama	**7.0**		**20**	1	4)	●
1943	Tottori	**7.4**	Shikano	8	1.5	2)	○
			Yoshioka	4.5	0.9		
				L=**12**			
				33	2.5	3)	●
1945	Mikawa	**7.1**	Fukozu	9	2	2)	○
			Yokosuka	7	0.6	5)	
				L=**20**			
				12	2.2	6)	●
1948	Fukui	**7.3**		**25**	2.3	2)	○
				30	2.5	3)	●
1961	N-Mino	**7.0**	Koike-Hatogayu	**12**	2.5	7)	●
1963	Echizen-misaki	**6.9**		**20**	0.6	4)	●
1964	Niigata	**7.5**			9	8)	○
		7.4		**100**	4	9)	●
1969	C-Gifu	**6.6**		**23**	0.7	10)	●
1970	S-Akita	**6.2**		**14**	0.65	11)	●

Gothic figures are used in Fig. 1.

*Reference:1）MATSUDA（1974a）, 2）YONEKURA（1972）, 3）KANAMORI（1973）, 4）ABE（1974）, 5）INOUE（1950）, 6）ANDO（1974）, 7）KAWASAKI（1975）, 8）MOGi, et al.（1964）, 9）AKI（1966）, 10）MIKUMO（1973）, 11）MIKUMO（1973）.

** ○：values of surface faulting, ●：values obtained from seismological or geodetic data.

出所：図10に同じ。

示しています。松田式によると、図10の破線が活断層の長さと地震規模（M）の平均的な関係を示した線となり、たとえば活断層一〇キロメートルに対応する地震規模はM6.5であり、活断層二〇キロメートルに対応する地震規模はM7ということになります。この方法によって、原発の近隣の活断層の長さから、その活断層が動いた場合の地震規模Mを求めているのです。

基準地震動の計算方法の問題点について

前記①が高い安全性が求められる原発の安全確保の要となる基準地震動策定の第一段階であり、当然のことながら第一段階が不正確なら、第二段階の計算がいかに緻密なものであっても正確な基準地震動を導くことはできないことになります。

①の手法が、「はやぶさ」「はやぶさ2」の持つ高度な科学性とは全く異質なものであることは、①の手法には以下のとおり科学性や論理性が欠如していることから理解してもらえると思います。

第一に、図10や表5から分かることは、長い活断層が動いた場合には規模の大きな地震が起きやすく、短い活断層が動いた場合には規模の大きな地震は起きにくいという傾向があるということだけです。これは体の大きな人は力が強いかもしれないという程度のことでしかありません。あまりにも資料数が少なすぎます。その資料数は、活断層約一〇キロに対応する地震、約二〇キロに対応する地震、約三〇キロに対応する地震がそれぞれ一四個ではないのです。一〇キロの活断層から一〇〇キロの活断層に対応する地震を全部合わせて、たった一四個なのです。たった一四個の地震からでは活断層の長さとそこで発生する地震の規模について有意的な関係式を導くことはできません。ここでいう有意的というのは、活断層の長さと地震規模との間には関係があるという意味での有意性だけではなく、重要なのは活断層の長さからほぼ正確な地震規模Mを導くことができるという意味での有意性でなければならないのです。①で求められた地震規模Mがほぼ正確な地震規模でなければ、当然ながら②の段階で正確な地震動を求めることはできないからです。

回帰式という手法を用いれば、一四個の地震の資料からでも活断層の長さと地震規模Mとの間の関係式、経験式を一応導くことはできるのです。たとえば街角で、歩いていた一四人の人に協力を願えば、身長と力の強さ（たとえば背筋力）との関係式は一応導くことができるのです。しかし、一四人による関係式は三〇人の身体測定によって得られた関係式とは当然ながら別の関係式となるでしょうし、また三〇〇人の身体測定によって得られた関係式のような信頼性を持ち得ないことも明らかです。「街角で歩いていた一四人の人の身体測定を元に身長と背筋力の関係式を作ったとします。次にその道を歩いてきた一五人目の人の身長を測れば、その関係式を使ってその人の背筋力が分かるのか？」「分かるわけがない」ということと同じことです。

したがって、第一に言えることは前記の図10は原発の耐震設計に用いることはできないということです。

第二に、第一で述べた資料数が極端に少ないという問題点に目をつぶるとしても、松田式から導き出されるのは活断層の長さに応じた実際の地震規模ではなく、そして地震規模の正確な平均値でもなく、単に平均的な地震規模でしかないのです。したがって、これを基準地震動策定にあたっての①の地震規模Mの特定に用いることができないのは明らかです。現に、松田式をそのまま用いれば、一〇キロの活断層ではM6.5ということになりますが、活断層一〇キロで実際に生じた最大の地震規模はM7.3という規模の地震であったことがわかります。図10を見れば、松田式によって求められる地震規模がそのまま当てはまる地震（図10の破線上にある●）はわずか二個だけです。そして、いずれの長さの活断層においても、松田式によって求められる地震規模より大規模な地震（破線より右側に位置する）も、小規模な地震（破線より左側に位置する）も存在し、バラツキがあることが認められます。しかし、Mは0.2違えばエネルギー量は二倍違い、0.4違えばエネルギー量は四倍違い、0.6違えば八倍違い、0.8違えば一六倍違い、Mが1違えば三二倍違うので、実際のバラツキの程度は図10から受ける印象よりも遥かに大きいのです。これをバラツキと表現してよいのかさえ疑問です。

すなわち、図10は地震規模を等間隔で表していますが、地震規模を表すものとしては必ずしもふさわしいものとは言えないのです。仮に、地震規模を可視化した図を作成するならば、図10でM6とM7の間が約二センチだとすると、M7とM8の間は六〇センチを超える図となり、M8.5はさらに遥かに右側に位置することになるのです。松田式をそのまま用いれば、一〇キロメートルの活断層ではM6.5ということになりますが、活断層一〇キロで実際に生じた最大の地震規模はM7.3という規模の地震であり、そのエネルギー量（地震規模）は一六倍に達するのです。

したがって、活断層の長さに応じた平均的な地震規模を導くという①についての手法（松田式）を、最大の安全性が求められるべき原発の基準地震動の策定に用いるということに根本的な誤りがあることは明らかです。

高度の安全性が求められる原発の耐震性の基準を定めるに当たっては、活断層が動いた場合の地震のうち「実際に起きた最大の地震のMを結んだ線」（図10の実線）を「最低限の」地震規模Mとして特定することが「論理的」であり、かつ科学的です。

ここで言う「最低限の」というのは、資料数が少ないために、たとえば一〇キロメートルの活断層が動いた場合に将来発生する最大の地震規模がM7.3だとは断定できず、それを上回る地震の発生が否定できないからです。

また、ここで言うところの「論理的」とは三・一一の福島原発事故の想像を絶する被害の大きさに照らし原発には極めて高い安全性を求めることに正当性があるという前提に立っての首尾一貫性を指すものです。逆に、安全性を軽視してでも原発を運転することに正当性があるとするならば、図10の破線の松田式を用いることに論理性が出てきます。住民の安全を重視することに正当性があるのか、原発を動かすことによる電力会社の経済的利益を重視することに正当性があるかどうかは、根本的には憲法の理念によって決まります。我が国の憲法は間違いなく、命を守り生活を維持するという**人格権**(憲法一三条、二五条)が電力会社の**経済活動の自由**(憲法二二条一項)に優先すると定めているのです。

【人格権と経済活動の自由】 この基本的な考え方は、福井地裁判決要旨一五五頁の次の部分に示されています。

「原子力発電所は、電気の生産という社会的には重要な機能を営むものではあるが、原子力の利用は平和目的に限られているから(原子力基本法二条)、原子力発電所の稼動は法的には電気を生み出すための一手段たる経済活動の自由(憲法二二条一項)に属するものであって、憲法上は人格権の中核部分よりも劣位に置かれるべきものである。しかるところ、大きな自然災害や戦争以外で、この根源的な権利が極めて広汎に奪われるという事態を招く可能性があるのは原子力発電所の事故のほかは想定し難い。かような危険を抽象的にでもはらむ経済活動は、その存在自体が憲法上容認できないというのが極論にすぎるとしても、少なくともかような事態を招く具体的危険性が万が一でもあれば、その差止めが認められるのは当然である。」

したがって、第二に言えることは、仮にこの図10を高度の安全性が求められる原発の耐震設計に用いるとするならば図10の実線で結んだ線を用いるべきだということです。

第三に、万歩譲って松田式を基準地震動策定に当たって用いるとしても、松田式（図10の破線）をそのまま用いることは許されず、実際に生じた地震規模に極めて大きなバラツキがあることを考慮して、最低の最低でも、平均的な地震規模（図10の破線）から修正を加え高めの地震規模Mを設定しなければならないのは当然です。

したがって、第三に言えることは、仮に図10の破線を原発の耐震設計に用いるとすれば図10の破線から大幅に右側に移して線を引くべきだということです。

二〇二〇年一二月四日に言い渡された大阪地裁判決は、原子力規制委員会の大飯原発の審査には規制基準に反した点があるとして、原子力規制委員会の許可を取り消しました。この判決が指摘したのは、第三の点です。原子力規制委員会は、第一の松田式等の経験式を導く際の資料数が少なすぎるという点について問題視することはありませんでした。また、第二の地震規模の平均値ではなく実際に起きた最大の地震規模を元にすべきだという点についても一顧だにしなかったのです。しかし、さすがに原子力規制委員会も、松田式等の経験式をそのまま用いて地震規模を特定することは許されないと考えたのか、「経験式は平均値としての地震規模を与えることから、経験式が有する**バラツキも考慮**されている必要がある」という松田式等の経験式を用いた場合に修正を加えるべきことを要求する規制基準を設けていたのです。

ところが、関西電力は、大飯原発の基準地震動策定の①の過程（活断層の長さ等から地震規模を特定する過程）において松田式等の経験式を用いるに当たって、この規制基準の要求するところの地震規模のバラツキの考慮をしないまま、経験式をそのまま用い、原子力規制委員会もこれを認めていたのです。そこで、大阪地裁は「原子力規制委員会は自ら作成した規制基準の適用を怠ったもので、基準地震動を審査する過程において看過しがたい重大な手続上の誤りがあるから、大飯原発の設置許可を取り消す」としました。以上が大阪地裁の判決の意味するところです。

なお、関西電力や国は、「活断層の長さを長めに見積もっているからバラツキの考慮がなされている」という趣旨の主張をしているようです。しかし、活断層を長めに見積もらなければばならないという問題と、松田式によって求められる平均的な地震規模Mと実際に生じた最大の地震規模Mとの間に極めて大きなバラツキがあるから平均的な地震規模Mではなく少なくとも高めのMを設定しなければならないという問題は全く別の局面の問題です。

すなわち、活断層は断層のずれが地表に現れている部分のほかに地下に隠れて伸びている部分が存在するおそれがあり、人の身長のように正確に測定できるものではありません。腰をかがめていた人が直立すると意外に背の高い人であったというようなものです。だから、活断層は当然長めに見積もらなければならないのですが、長めに見積もったのだから地震規模は平均値でよいという問題ではないはずです。

【バラツキの考慮】①の地震規模Mを特定する過程における松田式等の経験式に内在するバラツキの問題は、②の地震動の算定の段階でそのバラツキを考慮して高めの地震動を設定すれば足りるという考えもあるようです。しかし、①の地震規模Mの特定におけるバラツキの問題は、マグニチュードが0.2上がるごとに二倍、四倍、八倍……とエネルギーが増すという世界の問題なのです。②で地震動を調整すれば足りる問題ではないはずです。①のバラツキ問題を②の地震動の問題に反映しようとするならば、それこそ正確な関係式が必要な場面なのです。

松田式は、松田時彦教授が、「活断層の長さと地震規模との平均的な関係を示すことが地震学の研究を進めるに当たって有益だ」との考えに立って生み出されました。他方、原発の基準地震動の策定はそのような学問的探求の場面ではなく、人智を尽くして原発の安全を最大限確保することができる地震動を求めるべき場面です。したがって、仮に基準地震動策定において地震動を計算する方法があるとするならば、前記①において想定できる最大の地震規模Mを求め、その最大の地震規模Mを前提として②において最大の地震動を求めなければならない場面なのです。この場面において、過去における最大の地震規模を示す資料（たとえば活断層一〇キロメートルでM7.3、二〇キロメートルでM7.5、図10の実線）を用いることなく、平均的な地震規模（たとえば活断層一〇キロメートルでM6.5、二〇キロメートルでM7.0、図10の破線）を用いることは学問的探求の場面と格段に高い安全性が求められる原発の基準地震動を決定する場面の違いを理解していないと言わざるを得ないのです。

このことは説明を受ければ、誰でも理解できる根本的な誤りです。現在の基準地震動の設定が一見最新の科学であるかのように装ってはいるものの、いかにずさんなものであるかを如実に示しています。「はやぶさ」や「はやぶさ2」の持つ科学技術とは全くかけ離れたものなのです。

大阪地裁判決は基準地震動策定のずさんさの一端を明らかにしたものですが、原子力規制委員会が自ら制定した規制基準に従わなかったという点を指摘した意義は限りなく大きいと思います。原子力規制委員会が安全確保に向けて電力会社を指導すべき立場にありながら、原発の安全性に直結する基準地震動策定に関して自ら作成した規制基準の適用を怠ったということは、原子力規制委員会が国民の信頼に足るものでないことを明らかにしたと言えるからです。

武村雅之氏の言葉

武村式という強振動予測の計算式を編み出した著名な強震動学者の武村雅之氏は、「強震動予測に期待される活断層研究」という論文[*10]の中で、①「活断層の調査結果を基に強震動予測をストレートに耐震設計に結びつけているのは原発のみ」、②「一般の建物は全国一律に近い設計用の耐震荷重を過去の被害経験をもとに工学的判断によって設定している」、③「建物側から見れば、震源が全て特定されているわけでもなく、予測されていない震源から思わぬ強い揺れが来るかもしれない状況では簡単に強震動予測の結果を採用する訳にはいかない」、④「さかんに強震動予測が試みられている反面、予測技術のレベルは、未だ研究段階にあり普遍的に社会で活用できる域に達しているとは言い切れない」と述べています。

＊10　https://www.jstage.jst.go.jp/article/afr1985/2008/28/2008_53/_article/-char/ja/

①前記のような松田式あるいはそれに類するような手法を用いてその計算結果をストレートに耐震設計に結びつけているのは原発だけであるということを言っています。②普通の建物は一番ガル数が高かった402ガルや被害の大きかった阪神・淡路大震災等の地震を克服しようとして全国一律に設計しているということ、③その理由は、松田式を含む強震動予測を普通の建物に用いようとした場合には、**思わぬ震源から思わぬ強い揺れがあるかも分からない**ので、怖くて用いることができないという趣旨が述べられています。さらには、④強震動予測が研究段階のものであるということも述べているのです。

【強震動予測の問題点】 この点に強震動予測の一番の問題点があります。電力会社は、「基準地震動を超える地震が襲うのは、確率計算すると、一万年から一〇〇万年に一度である」というような主張をしており、名古屋高裁金沢支部はこれを信用してしまったのですが、思わぬ震源から思わぬ強い揺れがあるかもしれない状況ではそのような確率計算はできません。「未知の自然現象について確率論は使えない」というのが確率論の公理です。したがって、電力会社の確率の計算が正しいかどうか以前の問題なのです。

また、「強震動予測は地震が必ず起きるということを前提にしている。一方、地震予知は、地震が起きるか起きないのか分からないことを前提とする。したがって、強震動予測と地震予知は別物である」と言われることがあります。確かに地震動算定の手順の項（88頁）で示した、将来その原発敷地を襲うかもしれない地震の最大の強さ（ガル）の予測計算の、(1)の段階（震源を想定し、そこから発生する地震の規模を推定して特定する）においてはその想定された地震が必ず起きることを前提としていることは間違いないのですが、他方「思わぬ震源からの思わぬ強い揺れ」は起きるかどうか分からないのです。このように、強震動予測と地震予知は類似のもので、同じくらい困難なのです。

未だ研究段階で一般建物には怖くて用いることができないものを、恐るべきことに最も安全性が高くなければならない原発に用いているのです。

基準地震動を超えた事例

基準地震動は、それに基づいて原発の耐震補強工事の必要性と内容を決めるのですからすぐれて実務的な概念で、高い信頼性が求められます。したがって、基準地震動が信頼できるというためには、学問的精緻性を有することはもちろんのこと、これまでに基準地震動を超えた地震動はなかったのかが問われなければなりません。基準地震動の策定方法には学問的精緻性も、論理性も科学性もないことは先に説明したとおりです。また、仮に基準地震動を超える地震動が一度もなかったとしても、それは当然のことであり、そのことによって基準地震動の信頼性が格別に高くなるものではありませんが、逆に基準地震動を超える事例があったということは、それだけで基準地震動に対する信頼が大きく損なわれることになるのです。

ところが、過去において、電力会社が精緻で厳密な計算によって導き出したと称している**基準地震動を超える地震**が、一〇年足らずの間に四か所の原発の敷地を五回にわたって襲ったのです。**図4**（47頁）、**表4**（48頁）のとおり、原発の敷地は全国で二〇か所にも満たないのですから、その内の四か所で基準地震動を超える地震動に襲われたということは、基準地震動に全く実績と信頼性がないことを示していると言えます。そして、電力会社は、三・一一の前もそして後においても、基準地震動に関して前記のような手法と計算方法をほとんど変えることなくそれを採用し、原子力規制委員会も「それで良し」と認めているのです。[*11]

【基準地震動を超える地震】 その五事例は以下のとおりです。

① 二〇〇五年八月一六日の宮城県沖地震は、女川原発を襲い、当時の基準地震動375ガルを超える地震動が観測された。

② 二〇〇七年三月二五日の能登半島地震は志賀《しか》原発を襲い、当時の基準地震動490ガルを超える地震動が観測された。

③ 二〇〇七年七月一六日の新潟県中越沖地震は柏崎刈羽原発を襲い、当時の基準地震動450ガルを超える地震動が観測された。
④ 二〇一一年三月一一日の東北地方太平洋沖地震は、女川原発を襲い、当時の基準地震動580ガルを超える地震動が観測された。
⑤ 二〇一一年三月一一日の東北地方太平洋沖地震は、福島第一原発を襲い、当時の基準地震動600ガルを超える地震動が観測された。
この五事例は「現在の基準地震動に信頼を置いて原発を運転してはならない」と教えてくれています。スペインの哲学者オルテガは次の言葉を残しています。

「過去は我々に何をすべきかを教えてはくれないが、我々が何をしてはならないかは教えてくれる。」

＊11　基準地震動を超えた五事例は福島第一原発を除き大事故にならなかったのですが、原発推進派は「大事故にならなかったのは原発の耐震設計に余裕があったからだ」と言います。しかし、表4のように基準地震動がたびたび引き上げられている状況下では余裕があるはずはありません。普通に考えても、車同士の衝突事故でも人身事故にならない場合もあるし、河川の氾濫危険水位を超えても氾濫も決壊もしない場合もあるのです。それは車や堤防の構造に余裕があったからではなく、単に運が良かっただけなのです。

4　電力不足とCO_2削減――四番目の弁明

原発推進派は「原発をやめると電気が足りなくなる」等と言ってきましたが、最近では、「原発はCO_2を削減できるメリットがある」と盛んに言い出すようになりました。

(1)　電力供給について

「原発を止めると電気が足りなくなる」というのは正しくありません。三・一一後、東京で計画停電が行われたことから、「原発が止まると電気が足りなくなる」と思い込んでいる人がいます。しかし、原発は、一八頁で説明したように、地震で原発が止まった場合に備えて火力発電所がバックアップしていますから、原発が止まっても電力が不足することはありません。計画停電が行われたのは、三・一一の地震と津波で原発が止まったのと同時に、火力発電所も地震と津波でやられてしまったからなのです。そこで、知っておかなければならないことがあります。

現在、脱原発派の方が多数であると言われていますが、三〇年前には脱原発派は国民の中で極めて少数派でした。そのような中にあっても、**脱原発の市民運動**は続き、原発の新たな誘致に対しては漁民、農民等が中心になって強固に反対した結果、電力会社は原発の新設を次々に断念せざるを得ませんでした。これらの反対運動がなかったら、全国に八〇基を超える原発が建っていたかもしれないのです。そうなると、今のように火力発電所が原発をバックアップするのではなく、原発で原発をバックアップする体制になっていたかもしれません。その場合には、原発を止めると本当に電気が足りなくなってしまうのです。私たちは反対運動をしてくれた人たちのおかげで、今、安心して脱原発に舵を切ることができるのです。反対運動をしていた人に感謝しなければならないし、今思えば、彼らの判断能力の方が私の判断能力よりも高かったのです。

【脱原発市民運動】三重県では、旧三重県度会郡南島町《わたらいぐんなんとうちょう》の熊野灘に面する芦浜海岸に中部電力が原発の建設を計画しました。地元住民は賛成派と反対派に分断されましたが、反対派は激しい反対運動を繰り広げる一方で地道に県民の署名を集め、その数は三重県民の有権者の半数を超える八一万筆にも達しました。二〇〇〇年二月二二日、北川正恭《まさやす》知事が建設計画を白紙撤回しました（柴原洋一『原発の断りかた　ぼくの芦浜闘争記』月兎舎）。

(2) 脱炭素について

「原発が脱炭素社会の要請に沿うもので、環境に良い」という主張も次の三つの理由から正しいとは言えません。

一番目はCO_2（二酸化炭素）削減の目的を考えると明らかです。CO_2自体には放射性物質のような毒性はありませんが、「地球温暖化の原因になるから削減の必要がある」と言われています。ところが、実は原発は地球温暖化の最も大きな要因の一つです。なぜなら原発のウラン燃料は大量の熱エネルギーを出し、発電に回されるのはそのうちの約三分の一で、残りの約三分の二はそのまま熱として海に捨てられます。その量は原発一基当たり、一秒間に七〇トン、七℃海水を温めます。[*12] 原発には「海あたため装置」との別名があるのです。

二番目の誤りは発電時にCO_2を出さないことだけを取り上げていることです。原発一基造るのに五〇〇〇億円以上を要し、原発は鉄とコンクリートの塊です。その建造過程でどれだけのCO_2を出しているか想像してほしいのです。さらに、原発が何十年か稼働した後の後処理が問題となります。使用済み核燃料を何万年にもわたって保管する費用と、そのために必要とされる人間の社会活動の総量は膨大なものになります。そして、人間が社会活動をすれば必ずCO_2が出るのです。

三番目は、福島原発事故を経験した我々は環境に最も悪影響を及ぼすのは原発からの放射性物質であることが分かったことです。大飯原発の訴訟のときも関西電力は「原発はCO_2削減に資するもので環境に良い」と主張しました。それに対して判決は、「原子力発電所でひとたび深刻事故が起こった場合の環境汚染はすさまじいものであって、福島原発事故は我が国始まって以来最大の公害、環境汚染であることに照らすと、環境問題を原子力発電所の運転継続の根拠とすることは甚だしい筋違いである」（福井地裁判決要旨一六六頁）と応えています。原発推進派がCO_2削減を説くのは説教強盗（妻木松吉という強盗の常習犯は犯行後、家人に対し「戸締まりを厳重にして空き巣に注意するように」との台詞をはいた）に等しいのです。

(3) 化石燃料費について

原発推進派は「原発の運転を止めると石油や天然ガス等の化石燃料を輸入しなければならなくなるために国富が失われる」とも言っていました。それに対し、福井地裁判決は、「たとえ本件原発の運転停止によって多額の貿易赤字が出るとしても、これを国富の流失や喪失というべきではなく、豊かな国土とそこに国民が根をおろして生活していることが国富であり、これを取り戻すことができなくなることが国富の喪失であると当裁判所は考えている」（福井地裁判決要旨一六六頁）と応えたのです。原発推進勢力の言う国富とはマネーのことです。私は、多くの人に真の国富とは何かを考えてほしかったのです。そして、福島の人々、特に避難を強いられ

＊12　一秒間に七〇トンを超える流量の河川は我が国には三〇本余りしかありません。

た人々の気持ちを少しでも代弁したかったのです。

このように原発推進派の言うことはすべて根拠がありませんが、より本質的なことは、仮に原発推進派の言うことが本当であったとしても、「パーフェクトの危険」である原発は決して容認できないということです。たとえ、原発の運転が地球温暖化抑制の一助になると仮定しても、地球温暖化抑制のために我が国を滅ぼしかねない原発を運転することは、ものの軽重の判断において著しくバランスを欠いたものといえます。

原子力行政をつかさどっているのは基本的には政治家です。政治家の仕事というのは、ある意味選択の仕事です。消費税を上げるのか上げないのか、移民を認めるのか認めないのか等です。私は政治家に対して厳しい要求はしません。政治家の判断のうち、四〇パーセントが間違っていても、六〇パーセントが正しければ、それで世の中は少しずつ良くなっていくのですから。しかし、原発の問題はそういうわけにはいかないのです。医師の国家試験で、八五点の人が合格して、九五点の人が不合格になることがあるのです。選択問題で、A、B、C、Dの治療法のうちどれを選びますかという問題で、患者が死亡するような治療法を選んだ人、すなわち、取り返しのつかないことをやる人は医者の資格がないとみなされるからです。これを「禁忌」といいます。原発の問題は政治家にとって正に「禁忌」の問題なのです。取り返しのつかないことはやってはいけないのです。

5　原発を止める当たり前すぎる理由

以上述べたことが原発を止めるべき当たり前すぎる理由です。「はじめに」に述べたことを福島原発事故を踏まえたうえで、繰り返せば、

第1　原発事故のもたらす被害は極めて甚大である。その被害は我が国の存続にかかわるほどである。
第2　それ故に原発には極めて高度の安全性が求められる。
第3　地震大国日本において安全三原則が強く求められる原発に極めて高度の安全性があるということは、原発に極めて高度の耐震性があるということにほかならない。
第4　我が国の原発の耐震性は極めて低く、一般住宅よりも劣っているため、平凡な地震によってさえも危険が生じる。
第5　よって、原発の運転は許されない。その耐震性の低さを正当化できる学問的根拠はなく、原発の運転を続ける社会的正当性もない。

原発事故は被害がとてつもなく甚大で、そのうえ事故発生確率も驚くほど高いということを知ってもらいたいのです。福島原発事故からの最大の教訓は二度とこのような事故を起こしてならないということです。

安全な原発は積極的に動かすという国策に賛成の人にも反対の人にも、現在の原発はそれなりに安全だと思っている人にも、地球温暖化抑止が重大な課題だと思っている人にも、保守の人にも革新の人にも、ひとしく、原発の真の危険性を知ってもらいたいのです。

原発の問題は、我が国が解決すべき最優先かつ最重要課題です。

6　放射能安全神話——原発推進派の最後の弁明

(1)　新たな神話の登場

このように、原発推進派には依って立つべき根拠は何もないことが分かります。しかし、現在、特異な主張が原発推進派からなされています。それは、「放射性物質は言われているほど危険ではない」「だから原発事故をそれほど怖がる必要はない」「福島原発事故で健康被害は生じていない」という話です。福島原発事故を招いたのは、我が国の原発は過酷事故を起こさないという「原発安全神話」でした。この神話に代わる「放射能安全神話」とも呼ぶべき新たな神話です。

この神話のもとでは、避難先から戻らない人たちは、単なるわがままとして切り捨てられ、住民の間にも分断が生じています。しかし、今現在でも、廃炉作業は見通しが立たず、将来の健康に不安を抱いている子どもたちや体調不良を訴える多くの人たちがいます。そのような不安を抱える若者の一人である鴨下全生《かもしたまつき》さんが二〇一九年一一月にローマ教皇に面会した際に述べた言葉をここに紹介します。


「汚染された大地や森が元通りになるには、僕の寿命の何倍もの歳月が必要です。だから、そこで生きていく僕たちに大人たちは汚染も被ばくも、これから起きる可能性のある被害も、隠さず伝える責任があると思います。

嘘をついたまま、認めないまま先に死なないでほしいのです。原発は国策です。そのため、それを維持したい政府の思惑にそって賠償額や避難区域の線引きが決められ、被災者の間で分断が生じました。傷付いた人同士が、互いに隣人を憎み合うように仕向けられてしまいました。

僕たちの苦しみはとても伝えきれません。だからパパさま、どうか共に祈ってください。僕たちが互いの痛みに気付き、再び隣人を愛せるように。残酷な現実であっても目を背けない勇気が与えられるように。力を持つ人たちに悔い改めの勇気が与えられるように。皆でこの被害を乗り越えていけるように。

そして、僕らの未来から被ばくの恐怖をなくすため、世界中の人が動き出せるように。どうか共に祈ってください。」

(2) 一ミリシーベルトの意味

三・一一以前に、原発事故時を含め、日本国内においては、自然放射能を除いた一般国民の被ばくの線量限度は年間一ミリシーベルトと定められていました。

年間一ミリシーベルトという線量限度は、放射線審議会における審議を経て立法化されたものです。ところが、国は福島原発事故後、年間二〇ミリシーベルトという基準での帰還政策を行っています。子どもも妊婦も含めた共通の基準です。

東京大学名誉教授で放射線安全学の権威である小佐古敏壮《こさことしそう》氏は、二〇一一年四月二九日、内閣官房参与を辞任する際に記者会見の席で、涙をうかべながら「私のヒューマニズムからしても受け容れがたい」、「この数値（校庭利用基準の年間二〇ミリシーベルト）を、乳児、幼児、小学生にまで求めることは、学問上の見地からのみならず……私は受け入れることができません。参与という形で政府の一員として容認しながら走っていったと取られたら私は学者として終わりです。それ以前に自分の子どもにそういう目に遭わせるかといったら絶対嫌です」と述べたのです。

原発推進派は、福島原発事故後は原発安全神話を口にしなくなったものの、今度は「放射能の害はたばこの害よりもはるかに小さい」、「飛行機に乗るだけで放射能を浴びる」、「世の中は放射能であふれている、だから放射能をむやみに怖がるべきではない」、「世界には自然放射能だけで年間一〇ミリシーベルトに及ぶ地域もあるが、住民は普通に暮らしている」、「年間一〇〇ミリシーベルトであっても健康被害が生じるという明らかな証拠はない」、「(福島で二〇〇人以上発見されている)小児甲状腺がんは被ばくとは関係ない」という話を始めました。大した被害は生じないのだから、これからも原発を受け容れろという訳です。これらの主張を基礎に、そして、原子力緊急事態宣言下にあるという口実のもとに、国は年間二〇ミリシーベルトを公衆の被ばく限度とし、年間一ミリシーベルトを上回る土地への帰還政策を実施しているのです。

しかし、年間一ミリシーベルトという基準を法制化する際に、世界には自然放射能だけで年間一〇ミリシーベルトに及ぶ地域もあるものの住民に明らかな健康被害は生じてないということや、年間一〇〇ミリシーベルトであっても健康被害が生じるという明らかな証拠はないということも、すでに分かっていたことで、主張することができた事実です。これらの事実に対し、放射線被害は年間一ミリシーベルト未満でも生じるのだという証拠もあるとされ、あるいは、放射線はどんなに少なくても健康被害をもたらすおそれがあることは否定しがたいという考え方もあって、年間一ミリシーベルトは厳しすぎるという主張と甘すぎるという主張のぶつかり合いの中で、最終的に我が国は年間一ミリシーベルトと定めたのです。[*13]

大規模な原発事故が起きると放射能に強くなるわけではありませんから、法律を定める前に主張立証を尽くしておくべき意見や根拠を、法が定まった後に持ち出して、年間一ミリシーベルトを否定し、年間二〇ミリシーベルトを基準とすることが許されてよいはずがないのです。このように主張すべき時に主張できたのにこれを主張せず、あるいはすでに退けられている主張であるにもかかわらず、ことが決してからこれらの主張を持ち出すことは法律の世界では「時機に後れた攻撃防御方法」と言われ、許されないことだとされています。

国は、国際放射線防護委員会（ＩＣＲＰ＝The International Commission on Radiological Protection）の基準に基づいているとして年間二〇ミリシーベルトを基準とする帰還政策を正当化していますが、ＩＣＲＰに国際的な学術的権威があるとしても、ＩＣＲＰは我が国の放射線防護対策に関する法令についての解釈の権限を何ら持っていないのです。この解釈の権限を最終的に持っているのは我が国の裁判所です。

年間二〇ミリシーベルトを基準として福島第一原発の近隣に住民を帰還させる政策が間違っている理由は二つあります。一つ目は言うまでもなく放射線が年間一ミリシーベルトを超えていることによる危険です。もう一つの危険は、福島第一原発での再びの事故による危険です。ほかの原発は曲がりなりにも核燃料が管理されていますが、福島第一原発の1号機から4号機までの使用済み核燃料は宙づりと言ってよいほどの不安定な状態になりました。うち、4号機の使用済み核燃料は取り出すことができましたが、1号機から3号機までの使用済み核燃料は使用済み核燃料貯蔵プールに事故後一〇年を経過する今も残されたままです。[*14] 1号機から3号機は罹災したうえに、老朽化していて、通常の管理されている原発とは全く異なるのです。通常の管理ができていない使用済み核燃料の近くに住民を帰還させようとすること自体無謀です。国

*13　人の生体組織の中にある化合物に含まれる原子は化学結合という力で結ばれていますが、その力は極めて弱いため、放射線はそれを簡単に切断してしまいます。X線一ミリシーベルトが三七兆個ある細胞から形成される全身に均等に当たった場合、三七兆個の遺伝子が損傷（一本切断）されることになります。遺伝子が修復能力を有することを考えても軽視しうるようなものではないのです。

の帰還政策は二重の意味で間違っているのです。

(3)　黒い雨判決で明らかになったこと

二〇二〇年七月二九日に言い渡されたいわゆる「黒い雨訴訟」の広島地裁判決は、原告らの主張を全面的に認め、被告広島市および被告広島県に対して被爆者健康手帳を原告らに交付するように命じました。これまでほぼ置き去りにされてきた「大雨降雨域」以外の「黒い雨」の被爆者に、広島原爆投下後七五年にして初めて救済の道を開いた画期的な判決といえます。またこの判決は、国際放射線防護委員会ＩＣＲＰの主張を否定した判決としても画期的といえます。

被爆者援護法一条三号について

被爆者援護法は、一条三号で「原子爆弾が投下された際又はその後において、身体に原子爆弾の放射能の影響を受けるような事情の下にあった者」を挙げ、これらの者に対し健康手帳を交付しなければならないと定めています。我が国は、先の大戦において国民が受けた健康被害を含む戦争被害に対して保障しないという立場をとっています。ただし、原爆被害については、一命をとりとめた被爆者に生涯癒やされることのない傷跡と後遺症を残し、不安の中での生活を強いることになったもので、その健康被害は戦争によってもたらされた他の健康被害とは違う側面があることから、この法律が制定されたのです。

一条三号（三号被爆者）の「身体に原子爆弾の放射能の影響を受けるような事情の下にあった者」という概念について、本判決は、「健康被害を生ずるおそれがあるために不安を抱く被爆者に対して、広く健康診断等を実施することが、被爆者援護法の趣旨ないし理念に適合する」などの理由を挙げて、被爆者援護法一条三号にいう「身体に原子爆弾の放射能の影響を受けるような事情の下にあった」とは、「原爆の放射線により健康被害を生ずる可能性がある事情の下にあった」と解釈しています。

＊14　国と東京電力は廃炉までに三〇年間ないし四〇年間かかるとしてその工程表を示しており、その間に原子炉の下に溶け落ちて見えなくなったデブリ（メルトダウンした核燃料と原子炉溶融物の混合物）を取り出すとまで言っていますが、そのようなことは全く不可能です。チェルノブイリ事故では象の足と言われるデブリが外部から見えているのですが、それを取り出そうなどとは誰も言わないのです。国と東京電力は楽観的見通しを述べることによって、国民が原発事故の深刻さに目を向けないようにしているとしか思えません。

黒い雨について

広島市には原爆投下後、放射性物質を含むいわゆる「黒い雨」が降りました（**図11**）。

黒い雨が降った範囲については、原爆投下直後から四か月間あまり広島管轄気象台（当時）の宇田道隆気象技師らが黒い雨の降った地域を歩いて調査した結果に基づくいわゆる「宇田雨域」があります。宇田雨域は一時間以上の降雨があった「大雨地域」（図11の濃いグレーで示す部分）と降雨が一時間に満たなかった「小雨地域」（図11の薄いグレーで示す部分）に分けられていました。国、広島県、広島市は宇田雨域の中の「大雨地域」にいた人は保護する一方で「小雨地域」にいた人には救済の手を差し伸べることはなかったのです。

図11　「黒い雨」が降った地域

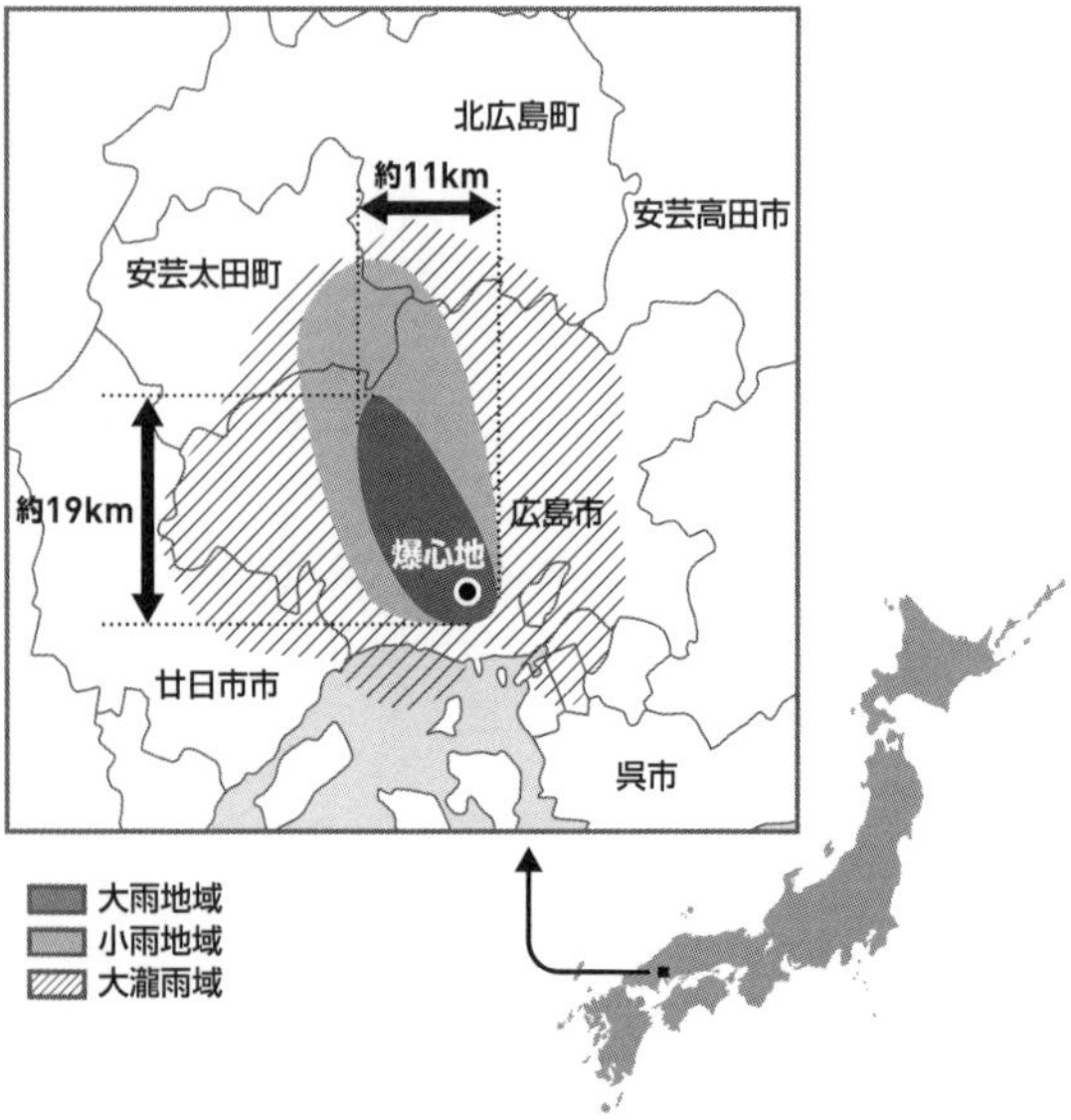

出所：https://www.nippon.com/ja/japan-topics/c08202/ より作成。

気象庁気象研究所の増田善信元室長は、一九八九年「広島原爆後の黒い雨はどこまで降ったか」を発表し、この雨域は「増田雨域」と呼ばれ、増田雨域は宇田雨域よりも約四倍の広さがありました。

さらに、二〇〇八年から二〇一〇年には広島市・広島県が原爆被害実態調査を実施し、三万人を超えるアンケートに基づき、宇田雨域を大幅に超える新降雨域を発表しました。それが図11の斜線部分にあたる地域です。この斜線部分の雨域は広島市・広島県の調査を担当しこの裁判でも証人に立った大瀧慈広島大学教授の名をとって「大瀧雨域」と呼ばれています。

裁判の概要

この裁判は、原爆投下当時、宇田雨域の大雨区域外にいたために被爆者援護法一条三号にあたらないとされた原告らが、自分らも「黒い雨」に遭ったことを理由に、被爆者援護法一条三号にいう「身体に原子爆弾の放射能の影響を受けるような事情の下にあった者」に該当するとして、健康手帳の交付等を求めた事案です。

被告側（広島県、広島市、訴訟参加した国《厚生労働省》）は、「増田雨域、大瀧雨域は正確ではなく、原告らが黒い雨を浴びたという証拠はなく、仮に浴びたとしても高濃度の放射性物質は降っていない」として三号の被爆者には該当しないと反論したのです。

裁判所は、

①「黒い雨」降雨域は宇田雨域にとどまるものでなく、より広範囲に「黒い雨」が降った事実を確実に認めることができる。

② 原告らが「黒い雨」に遭ったかを認定するに当たっては、宇田雨域、増田雨域および大瀧雨域のいずれかに単純に依拠することなく、原告らが被爆当時またはその後に所在した場所を確定し、当該場所と宇田雨域、増田雨域および大瀧雨域の位置関係を手がかりに、原告らがその当時所在した場所に「黒い雨」が降った蓋然性について検討するとしたうえ、原告らの黒い雨が降ったという法廷での供述は信用できるから、原告らは三号の被爆者に該当するとしたものです。個々の原告について丁寧な事実認定を加えたいわば手堅い判決であるといえます。

本判決は大変丁寧な事実認定をしており、高裁でこの判決の事実認定を覆すことは困難と思えますし、原告らの年齢を考えても早期の救済の必要性が高いのです。報道によると、広島市、広島県は控訴に対して消極的であったのに対し、国が控訴に積極的であったため、広島市、広島県も国に押し切られる形で控訴に踏み切ったとのことです。

当時の加藤勝信厚生労働大臣は控訴の理由について「本判決が充分な科学的知見に基づいていないからだ」と述べました。この厚生労働大臣の言葉から、国の関心は原告らが黒い雨に遭ったかどうかという本判決の事実認定よりも、本判決の被爆の評価に関する科学的見解にあり、本判決の示した科学的見解について不服があったことが判明したわけです。

内部被曝の危険性について

本判決は、「黒い雨」に遭遇した被爆者たちは、核分裂生成物（いわゆる死の灰）を含む放射性微粒子によって内部被曝した可能性があるとし、次のように認定しています。

「内部被曝とは、体内に取り込まれた線源による被曝をいうところ、内部被曝には、外部被曝とは異なり、次の点で危険性が高いとする知見がある。すなわち、内部被曝では、外部被曝ではほとんど起こらないアルファ波やベータ波による被曝が生ずるところ、アルファ波やベータ波は、飛程が短く、電離等に全てのエネルギーを費やし、放射線到達範囲内の被曝線量が非常に大きくなること、放射性微粒子が、呼吸や飲食を通じて体内に取り込まれ、血液やリンパ液にも入り込み、親和性のある組織に沈着することが想定されること、内部被曝のリスクについて、放射性微粒子の周囲にホットスポットと呼ばれる集中被曝が生じる不均一被曝は均一な被曝の場合よりも危険が大きいと指摘する意見がある」

そして「黒い雨」被爆者が、低線量による内部被曝で健康障害を生じた可能性があることを否定できないとしました。

放射線防護の国際的学術権威とされている前に述べたＩＣＲＰの勧告は、放射線吸収線量が同じであれば、外部被曝も内部被曝もその影響（リスク）は同じであるとしているのです。

これに対して、本判決は内部被曝のリスクについて、「放射性微粒子の周囲にホットスポットと呼ばれる集中被曝が生じる不均一被曝は均一な被曝の場合よりも危険が大きい」とする知見を採用し、ＩＣＲＰ勧告の見解を否定しているわけです。つまり判決は、内部被曝のリスクは外部被曝のリスクより危険が大きいか、少なくともその疑いが濃いとしたのです。

内部被曝の危険性を如実に示すのが**図12**の電子顕微鏡の写真であり、ブタの肺臓に付着した大きさ二ミクロン（一ミクロンは一〇〇万分の一メートル）の酸化プルトニウムの実物写真です。放射状に線が出ていますが、これは放射状の中心に存在する酸化プルトニムから発出した電離エネル

図12　ホットパーティクルの顕微鏡写真

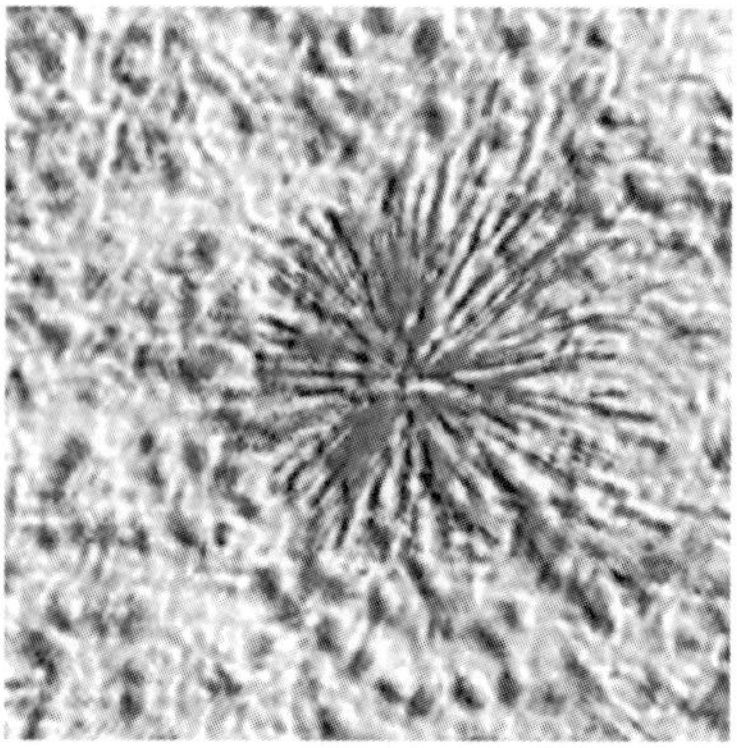

欧州放射線リスク委員会（ECRR）2003年勧告の表紙を飾ったホットパーティクルの電子顕微鏡写真。
豚の肺臓の組織についた酸化プルトニウム粒子が放射線を出し続けており、その飛跡の撮影に成功したもの。放射している線の中心にあるのが、2ミクロンの酸化プルトニウム粒子。プルトニウムの半減期は1万年を超える。肺などの循環器系以外の組織についたものは、体外に排出されにくい。

ギーの傷跡です。酸化プルトニウムは不溶性であることから一度付着した酸化プルトニウムはまず体外に排出されることはないのです。プルトニウムの物理的半減期は優に一万年を超えることから、事実上死に至るまで、体内の細胞は電離放射線被曝にさらされ続けることになります。ＩＣＲＰはこうした内部被曝の危険な実態を無視した主張を続けているのです。

なぜ国は控訴したのか

国も原告らの年齢等を考えると早期の救済を図る必要があるということはよく理解しているはずです。国が控訴をした主な理由が、裁判所が内部被曝の危険性があると判断したことにあるとするなら、「なぜ国にとって裁判所の判断がそれほど許容しがたいのか」という疑問が湧いてきます。黒い雨の被爆者と福島第一原発事故の被災者は、「**低線量被曝**」と「内部被曝」の被害者という点で共通しているからだというのがその疑問に対する答えです。

> **【低線量被曝】** 低線量被曝とはおおむね一〇〇から二〇〇ミリシーベルト以下の放射線被曝をいいます。

原発推進派は、福島原発事故後は原発安全神話を口にしなくなったものの、今度は「放射能の害はたばこの害よりもはるかに小さい」、「飛行機に乗るだけで放射能を浴びる」、「世の中は放射能であふれている、だから放射能をむやみに怖がるべきではない」という、すなわち「放射能安全神話」を振りまくようになりました。その放射能安全神話のもとに、子どもたちの甲状腺ガンを含む福島原発事故に起因する健康被害は無かったことにされてきたのです。しかし、内部被曝のことを正しく知れば前記の「放射能の害はたばこの害よりもはるかに小さい」、「飛行機に乗るだけで放射能を浴びる」等の「放射能安全神話」の欺瞞性に気づくことになります。

国民が低線量被曝、とりわけ内部被曝の怖さを知ることになれば、「放射能安全神話」の嘘が暴かれ、脱原発の動きが大きく加速することになるわけです。国がこの優れた判決を容認せず控訴に踏み切った一番大きな理由はそこにあると考えられます。

国が一体となって広めている「放射能安全神話」に乗せられて、福島原発事故による健康被害や、生活の場を失った人たちの無念を忘れてはなりません。この判決を「放射能安全神話」から国民を守る大きな防護壁と位置づけることによって、この判決の価値は一層増すことになると思われます。

第3章
責任について

1　三・一一後の私たちの責任が重い理由

核のいわゆる平和利用を目的とする原子力基本法は、後に総理大臣となる中曽根康弘氏が中心となって法案が作成され、一九五五年に成立しました。その後、一九七三年の中東戦争を契機としてオイルショックが起き、石油の安定的輸入が困難となり、原油価格も跳ね上がりました。そこで、我が国の火力発電所を中心とするエネルギー政策の転換を図るべく田中角栄内閣のもとでいわゆる**電源三法**が一九七五年に成立しました。この電源三法によって原発を立地した地方公共団体に税金が投入されるというシステムが成立し、これを背景に、電力会社は多くの有力政治家や学者の支持のもとに全国で原発を建造していきました。これは先人たちからの負の遺産といえます。

【電源三法】電源開発促進法、電源開発促進対策特別会計法、発電用施設周辺地域整備法のことで、電源開発が行われる地域に対して補助金を交付し、これによって電源の開発（発電所建設等）を促進し、火力発電所以外の電源の開発を目的として制定されました。

しかし、その先人たちの責任よりも、三・一一を経験した私たちの責任の方が遙かに重いのです。その理由は三つあります。

一つ目は多くの人が知っている理由です。使用済み核燃料は、核のゴミと言われ、原発の敷地内で一定期間保管された後、再処理工場の敷地に移されていますが、その後はどうするか決まっていないのです。原発が「トイレなきマンション」と言われる由縁です。使用済み核燃料の問題について先人たちは、「将来科学的に処理できるのではないか」と期待していたのですが、ここ四〇年の間で、使用済み核燃料の問題は科学的に処理できないことが明確になったのです。[*1]

北海道寿都町《すっつちょう》等が文献調査の申し出をして話題となった使用済み核燃料の保存は、地下三〇〇メートルのところに一〇万年にわたり保管され、一〇〇〇年ごとに容器を取り替えることを一〇〇回にわたってやらなければならないと言われています。歴史を少しでも勉強した人ならなんと現実離れした非常識な計画だろうと思うでしょうし、地学を勉強した人なら地殻の

＊1　放射性物質の無毒化の試みはすべて失敗に終わりました。高速増殖炉もんじゅを中心とする核燃料サイクルが実現すれば、使用済み核燃料をあまり増やすことなく電力の安定供給ができるという夢も二〇一六年のもんじゅの廃炉決定によりついえました。

変動等によって将来にわたる安全性が欠如した計画であることが分かると思います。「一〇〇〇年単位の話なら自分には関係のないことなのでどうでもよい話だ」と思う心に原発推進派はつけいり無責任で無謀な計画を推し進めていきます。使用済み核燃料の問題は、すでに我が国の手に負えなくなっており、これは世界の叡智を集結して解決していかなければならない問題なのです。

二つ目は、一部の見識の高い人は知っていた理由です。一般の人は、「原発事故というのはめったに起きないし、起きたとしても最大三〇キロが避難区域だろう」と思っていたのです。しかし、福島原発事故によって原発というのは停電しても、断水しても過酷事故につながるし、しかも被害の規模は二五〇キロに及んでしまうことが明確になりました。原発の問題は、立地市町村だけの問題でも立地県の問題でもなく、我が国全体の問題であることを福島原発事故は教えてくれています。

三つ目は、原発差止めの裁判を担当した裁判官を含め、今なお、ほとんどの人が知らない理由です。**表4**（48頁）を見た人は、「原発が建設された当時、なぜ、こんなに低いガル数で基準地震動が設定されてしまったのだろう」と疑問を抱かれることでしょう。「三〇年余り前の設計者は地震のことを考えないで設計したのではないのか」とか、「その頃の設計者は『強い地震なんか滅多に来ないからどうでもよい』と考えたのではないか」と思われるかもしれません。しかし、そうではありません。かつて、関東大震災は震度7で、ガル数としては400ガル程度だろうと思われていました。**表6**は、河角廣という地震学者が一九四一年に提唱した震度と最大加速度の対応表です。この対応表は戦後も、強い影響力を持っていましたが、この表によっても震度7が400ガル程度以上と認識されていたことが分かります。また、地震学者の間では「980ガル（重力加速度）を上回る地震はないのではないか」とも言われていました。大飯原発は405ガルという基準地震動で設計されましたが、大飯原発が比較的固い地盤の上に建っていることから、関東大震災クラスの地震でも耐えることができるということで設計されたのだと思います。

表6　震度、最大加速度の概略の対応表（河角の式）

震度等級	最大加速度（gal）
震度7	400ガル程度～
震度6	250～400ガル程度
震度5	80～250ガル程度
震度4	25～80ガル程度

しかし、一九九五年の阪神・淡路大震災を契機として二〇〇〇年ころに地震観測網が整備されたことによって、**表1**（36頁）のように震度7は1500ガル以上に相当するということ、そ

して、405ガルというのは震度5にすぎないことが科学的に判明したのです。そうすると、現在の原発はまったく見当違いの低い耐震性で設計建造されてしまったということが判明したと言えます。震度7が400ガル程度以上と思われていたのが実は1500ガル程度以上であることや、重力加速度（980ガル）を超える地震はないと思われていたのが、実は4022ガル（岩手・宮城内陸地震）の地震動さえ観測されたことから考えると、実際の地震動に対しておおむね四分の一の過少評価がされていたと言えるのです。そして、その四分の一の過少評価をもとに原発がすでに建造されてしまっていたことが明らかになったのです。

したがって、本来ならば原発の運転は諦めざるを得ない状況であることが明確になったといえるのです。[*2] しかし、電力会社は、**表4**（48頁）のように基準地震動を徐々に引き上げることによってその危険性に目をつぶろうとしたのですが、それでも表4によれば、当初の基準地震動の二倍程度にしかなっていないことから、今なお二分の一の過少評価のままなのです。建造当時の405ガルは震度6の地震にも耐えることができないので客観的に見ると極めて危険ですが、当時の電力会社は震度7にも耐えられると思っていましたのでその客観的危険性を知らなかったのです。現在の大飯原発の基準地震動は856ガルです。したがって、大飯原発は震度6の地震で危うくなり、震度7の地震で絶望的な状態になることから客観的に極めて危険なのですが、現在の電力会社は、その危険性を充分に認識できるにもかかわらず再稼働を推し進めているのです。

以上の三つのことが福島原発事故を経験した私たちにとって明確になったのですから、私たちの責任は極めて重く、これを全く責任のない後世の人々に押し付けることは許されないのです。

2　司法の責任

(1)　問題はどこにあるのか

多くの裁判長が原発の運転差止めを認めない中にあって、私が大飯原発の運転を差し止めたことについて、原発推進派は「どの世界にも変わり者はいる」「専門家でないくせに」というような論調で批判しました。しかし、このような考えが間違った考えであることはこれまでの話からお分かりいただけたのではないかと思います。

＊2　これは、「原発建設当時の科学水準では安全だとされて運転の許可を受けた原発でも、現在の科学水準では危険だと判断されれば合理性がないとして原発の運転を止めることができる」という伊方原発最高裁判決の法理（80頁）がピタリと当てはまる事態だと思います。

一方、脱原発派の多くの人は「多くの裁判長が原発の差止めを認めないのは、圧力に屈したかあるいは政権に忖度しているためだ」、「樋口裁判長が大飯原発を止めたのは圧力に屈しなかったからだ」と思っています。そして、私が自分の信念に従った勇気ある裁判をし、そのために名古屋家庭裁判所に左遷となったという話がまことしやかに語られています。話としてはとても面白いし、分かりやすいのですが、私は名古屋家庭裁判所への異動を左遷と思ったことはありませんし、結論に迷いはなかったので判決を出すことに勇気をふるう必要もなかったのです。これだけ危険な原発を止めないという蛮勇ともいうべきものを私はおよそ持ち合わせていません。

裁判所全体が、原発推進という政権の意向に忖度しているわけでもありません。二〇一四年一二月に高浜原発運転差止めの仮処分が福井地裁に申し立てられました。私は、翌年の二〇一五年四月一日に異動する予定でしたから、なんとか、三月末日までに決定を出そうとしていたのですが、関西電力から三月一一日に**忌避の申立て**がなされたため、このままだと決定が出せなくなりました。しかし、名古屋高裁は異動先の名古屋家裁と福井地裁の裁判官を兼ねるという兼務辞令を出してくれました。そのおかげで二〇一五年四月一四日に高浜原発運転差止めの仮処分の決定を出すことができたのです。福井地裁の所長も、名古屋高裁長官も私が運転差止めの仮処分決定を出すことは予想できていたはずですが、例外的な措置を執ってくれたのです。

【忌避申立て】 忌避の申立ては当事者が「事件を担当する裁判官に公平な裁判を期待できないのでその訴訟を担当させないでください」という申立てです。その申立てがあると、その申立てに理由があるかどうか高裁で決定することになりますが、その決定が出るまでは忌避申立てを受けた裁判官はその訴訟を担当できなくなります。

裁判官は一部に言われているように、最高裁という伏魔殿のようなところから影の指令を受けて裁判をしているわけではありません。どの組織でもそうであるように、良心的に自分の本分を尽くしかつ能力も高い人もいるし、逆に、自分の本分が分かっていない人や、良心的でない人、能力が低い人もいます。それらの裁判官の中で、必ずしも良心的で能力の高い人が最高裁に行くわけではないという点に裁判所の問題があるのです。

最高裁裁判官になる裁判官は、例えば、最高裁の事務局で勤務したり、法務省に出向して裁判実務経験が少ない裁判官が多く、逆に、裁判実務経験が長い裁判官だと最高裁に行く可能性がグッと減るのが実情です。最高裁が人事だけやっていれば話しは別ですが、最高裁は一番難しい裁判をするところなのに、最高裁の裁判官が裁判実務の経験が少なくてどうするのですかという問題です。例えば天皇陛下の手術をする執刀医がいますが、大病院の理事長は執刀しません。第一線で患者を診察し手術を成功し続けている医師が、天皇陛下の手術をするのが当然と国民も思うでしょう。長く裁判実務をやっていて高い実績のある裁判官、例えば木谷明《きたにあきら》元裁判官[*3]のような方が最高裁に行くべきなのです。さらに、最高裁が推薦した法律家を内閣が任命するという慣例が安倍政権下で破られ、最高裁の中にはそれに強く抗議するほどの人物もいなかったためか、政権に近い法律家が最高裁裁判官に任命されるということになってしまいました。二重の意味で最高裁裁判官の人事がおかしくなってしまったのです。これらの事実を知れば誰もがおかしいと思うでしょう。**司法改革**は、角を矯《た》めて牛を殺す結果になったところも多いのですが、誰もがおかしいと思うことから、まず変えていくことが大切だと思います。[*4]

【司法改革】我が国において、一九九九年以来行われている司法試験の合格者の大幅な増員、裁判員制度の導入等の多方面にわたる司法制度の改革のことです。

「最高裁がそんな有様なら、いくら頑張っても結局は最高裁でひっくり返されるから原発訴訟では最終的には勝てない」と思われるかもしれませんが、最高裁は伏魔殿ではありませんので、住民側が訴訟において論理と証拠で電力会社を圧倒すれば、そして国民の多くが脱原発に確信をもてば、現在の最高裁であっても反対の結論は出せません。また、**運転差止めの仮処分**で勝つという方法もあるのです。

【運転差止めの仮処分】仮処分で運転差止めが決定されると、判決と違って直ちに効力が生じます。私が、高浜原発運転差止めの仮処分決定を出すまでは、仮処分は原発運転差止め裁判の本流ではありませんでした。仮処分は迅速に審理され、即効性があるだけに、裁判官がよほど確信を持たないと認められないからです。しかし、裁判官が「間違いなくこの原発は危険だ」と思えば、運転中の原発も止まるのです。このように、原発が裁判所の判断で止まってしまうことを、経済界から見て「司法リスク」と言います。私は、裁判官に「間違いなくこの原発は危険だ」と思わせるのは、さほど難しいことではないと思っています。今後、司法リスクは確実に増えていくと思われます。

＊3　刑事裁判官として三〇件にも及ぶ無罪判決を出し、そのほとんどの判決について検察官が控訴することなく確定に至りました。我が国では有罪率が九九・八パーセントに達することや、検察官の有罪判決への強いこだわりからみても驚嘆すべき実績といえます。

＊4　判検交流《はんけんこうりゅう》と言われる、日本の裁判所や検察庁、法務省において、裁判官が検察官になり、その後、裁判官に戻るという人事交流制度があります。多数の裁判官が法務省の訴訟部門、検察庁などに出向しています。国の代理人であった者がある日、法壇に座っているということになりますが、それを見た国民は大きな不信感を抱くと思います。

二〇一四年五月二一日に私が裁判長として言い渡した福井地裁の大飯原発運転差止めを命じる判決は、二〇一八年七月四日の名古屋高裁金沢支部の控訴審判決によって取り消されました。大飯原発は極めて危険です。もし、福島原発事故のような事故が再び起きれば、多くの国民の生活が奪われ国土を失うことになり、世界からも同じ過ちを繰り返したことで、見放されるのではないかと危惧しています。福井地裁判決で指摘した点について控訴審の金沢支部が具体的に反論してくれて、「実はこんなに安全だったのだ」と私を納得させてくれるような判決ならば、それがたとえ逆転判決であっても、個人的にも歓迎するし、国民にとっても喜ばしいことだといえるのです。しかし、控訴審判決の内容を見ると「規制基準に従っているから心配ない」というもので全く中身がないのです。

この判決を含むほとんどの判決書や決定書には、「原発には高度の安全性が求められる」と書かれています。しかし、高度の安全性とは何か、高度の安全性を確保するためには何が必要かを探求していくのが裁判であるにもかかわらず、それをしないまま「高度の安全性が必要だ」と言うのは単なるお題目であって、本当の裁判ではありません。高度の安全性とは事故発生確率が低いことであり、原発において事故発生確率が低いというためには高度の耐震性が必要なのです。

しかし、多くの裁判長が先例に従うのが正しいと信じ、高度の安全性と直接論理的につながることのない規制委員会の判断の尊重という考えのもとに、裁判をしているのが現状です。政権や最高裁の意向を忖度したり、圧力に屈して原発の危険性を知りながら原発を止めない裁判官と、規制委員会の判断を尊重することが正しいと思って原発の危険性に気づかないまま原発を止めない裁判官のどちらが怖いでしょうか。どちらも劣らないくらい怖いことなのです。

(2) これまでの訴訟と新たな訴訟のありかた

裁判所が内容の薄い判決で住民側敗訴を繰り返すのはこれまでの訴訟のあり方に大きな要因があると思います。これまでの訴訟は、脱原発派の弁護士のうちでも、少数の熱意のある勉強熱心な弁護士が、多くの専門書を読みあるいは専門家に意見を聴きながら、一〇〇通を超えるような主張書面と一〇〇〇を超える証拠を提出し、被告電力会社との間で難しい専門技術論争を繰り広げてきました。原告本人はもちろん他の多くの弁護士も呆然とこれを見守るしかないのです。裁判官もよほど能力的に優れた者でない限り、訳が分からなくなり、[*5]最後には権威のある方についてしまうのです。そうでなくても、「そんな専門的なことは原子力規制委員会の裁量の問題であり裁判所が口出しすべきことではない」と考えてしまうのです。そして、その考えも一概に間違っているとは言えないのです。従来の訴訟は専門技術訴訟といういわば相手方の設定した土俵で、相手方にとって有利なルールで闘っていたと言えるのです。

裁判官は原発のことも地震のことも何も知らないのです。何年にもわたって、訴訟を中心になって支えてきた原告本人に分からないことは裁判官にも分からないのです。裁判官は三年で転勤してしまうのです。多くの事件を抱えているのです。しかも文系です。

原告代理人弁護士はその裁判官にまず原発の本当の危険（被害の甚大さと耐震性の低さ）を教えてあげてください。そうすれば、原告代理人弁護士と原告住民が一体となって力強い訴訟活動が展開できると思います。専門技術訴訟という土俵ではなく、理性と良識という土俵の上で闘うことが大事だと思います。

伊方原発最高裁判決が一九九二年に出されましたが、その前後を通じ住民側が原発運転差止め訴訟に勝つことはほとんどありませんでした。しかし、現在の状況は当時とは大きく異なります。一つは福島原発事故が起きてしまったことです。初めて、原発事故の被害の大きさが多くの国民の目に明らかになりました。裁判官を含む多くの国民は2号機の奇跡のことも、4号機の奇跡のことも知らされていませんが、原発事故が多くの国民の認識をも遥かに超える被害をもたらすものであることは裁判では容易に立証できるのです。もう一つは地震観測網ができたことです。地震観測網ができたことによって初めて現在の基準地震動が観測記録に照らすと極めて低水準であること、それ故に事故発生確率が高いことが明らかになったのです。原発の基準地震動が低水準であるということは、その基準地震動策定の根本的な考え方（地震の予知予測が正確にできるという考え）、基準地震動の策定過程（強震動予測、不安定な経験式を用いること等）のいずれかまたはその双方に致命的な欠陥があることを明らかに示しているのです。福島原発事故の実態という事実と地震の観測記録という二つの厳然たる事実をなぜ裁判所に提示しようとしないのでしょうか。専門技術訴訟という土俵に代わる理性と良識という土俵の上では、この厳然たる事実が大きな力を発揮することになるのです。*6

＊5　裁判官が難件と呼ぶ訴訟事件には二種類あって、一つは裁判記録が厚くなる事件で、一つの事件の訴訟記録で大きなロッカーが一杯になるものもあります。もう一つは記録は薄くても難しい判断を迫られる事件です。従前の訴訟のやり方では、原発差止め訴訟は必然的に一つ目の意味でも、二つ目の意味でも難件になってしまっていたのです。

＊6　二〇二〇年三月一一日に広島地裁に起こされた伊方原発運転差止め仮処分の申立書は基準地震動と地震の観測記録を対比させることによって伊方原発の危険性を具体的に示しており、これは原告住民本人が起案しました。「誰でも理解できる」、それ故に「誰でも議論に参加できる」、そして「誰でも確信が持てる」訴訟を目指すべきです。そのような訴訟になれば、裁判所にとっても原発差止め訴訟は記録の厚さという点においても、判断の難しさの点においても難件ではなくなるのです。

(3) 裁判官の姿勢

住民側敗訴の判決が多いことのもう一つの要因は裁判官の姿勢にあると思います。私は、多くの裁判官がなぜあたかも圧力に屈したかのように見える結論を採ってしまうのか十分に理解できませんが、推測が許されるのなら次のようなものかもしれません。

広く行われている裁判官教育は、「裁判官は絶大な権限が与えられているので、その行使については謙虚かつ抑制的であれ」というものです。このような教育を受けた裁判官は、萎縮し、「このことは専門的事項だからよほどおかしくなければ判断しなくてもよい」というような法解釈があればそれに飛びつきやすいのです。[*7] また先例主義から離れ、積極的に「原発の危険性の有無」を認定していくという判断過程は、原発や地震学の専門家から致命的な間違いを指摘されるおそれがありますから、素人である裁判官にとっては、大きな精神的緊張、負担を伴うのです。このような精神的負担からの解放をもたらすような判断枠組みは多くの裁判官になじみやすいのだと思われます。

政治家も、経済人も、マスコミも官僚も、従わなければその地位や収入を失ったりするという圧力やしがらみによって自分の信念を曲げなければならないことが多々あると思います。しかし、裁判官にはそのような明確な圧力もしがらみもないのです。ただ雰囲気があるだけです。

その雰囲気に敏感な裁判官はそれを圧力と感じるでしょうが、鈍感になりさえすれば全く何の圧力もしがらみもないのです。[*8] そのような地位を裁判官は憲法によって保障されているのです。それにもかかわらず、現在の裁判所は曲がりなりにも裁判官の独立を侵害しないようにしているのです。そして、それにもかかわらず、雰囲気にのまれて、その権能を行使しないことは、国民の裁判所に対する信頼を大きく損なうことになります。多くの国民は、原発に好意的であろうとなかろうと、裁判所が原発の危険性を判断してくれていると思っているのです。そして、原告住民が行政訴訟ではなく、**人格権に基づく差止め訴訟**を選択した以上、原発の危険性の有無、程度を裁判所が認定し判断することは法の命じるところなのです。裁判所が運転差止めを認めなかった原発が仮に福島原発事故のような過酷事故を起こした場合、そのほとんどの責任は明確な圧力もしが

＊7　伊方原発最高裁判決は「裁判所は看過しがたい不合理があるかどうかを審査すれば足りる」と言っています。伊方原発最高裁判決は行政訴訟ですが、この判断枠組みは人格権に基づく差止め訴訟でも重視される傾向があります。

＊8　裁判官は裁判内容について誰からも指示や明確な圧力を受けることはありません。いわゆる同調圧力があるだけです。先例主義がまん延してくるとその同調圧力に拍車がかかります。

らみもなかった裁判官にあるのです。

【人格権に基づく差止め訴訟】 訴訟物は人格権に基づく妨害予防請求権であり、人格権（命を守り生活を維持する権利）が放射性物質によって侵害される危険の有無と程度が審理対象となり、規制基準に適合しているかどうかは間接事実に過ぎないことは要件事実教育を受けた法曹人なら理解できることです。また、仮に規制基準の合理性の有無を判断するとしても、人格権が放射性物質によって侵害される危険を防止できる内容に規制基準がなっておれば合理的、なっていなければ不合理という判断基準になるはずです。

裁判官が特に行政の判断が絡むような事件について自らの権能を抑制的に働かせるということは二つの意味で間違っていると思います。

一つ目は行政の大きな誤りさえチェックすればよいという姿勢で臨むと、小さな誤りを見過ごすことはもちろんのこと大きな誤りも見落としてしまうのです。腰が引けてしまうと真実は見えなくなります。福島原発事故が起きてしまった以上、目をこらして、小さな誤りも大きな誤りも見逃すまいという姿勢で臨むと、規制基準が「地震の予知予測は可能である」という極めて不合理な発想の上に成り立っていることも、そしてその予測手法においても基本的な欠陥があることも分かります。

二つ目は、行政が本当に国民のことを思って動いてくれているのなら裁判所の謙抑的な姿勢にも合理性があるといえますが、少なくとも原子力行政に関する限り、そのような実態はありません。環境省という役所がありますが、環境省は環境に関する諸問題の利害を調整することを仕事としており、環境を守ることを本業としていません。そのことは、除染した土（**汚染土**）を全国にばらまこうとしている一事をもってしても明らかです。

【汚染土】 現在、汚染土を集めてフレコンバックに入れて福島県内の中間貯蔵施設に運んでいますが、国はこれを三〇年内に県外に搬出すると福島県との間で約束しています。しかし、福島県外で最終処分場を作ることは難しいため、八〇〇〇ベクレル以下は汚染土ではなく再生資材として全国の公共事業や農地に使おうとする計画があり、環境省もそれに関与しているのです。

原子力規制委員会は免震重要棟がない原発にも再稼働の許可を出しています。福島原発事故で免震構造を備えた広い空間が重要な役割を果たしたことを認識しながら、免震重要棟の建設費に係る多額の経済的負担を渋る電力会社の利益と国民の安全を天秤にかけて免震重要棟に代わる施設でかまわないとの判断をしているのです。[*9] また、原子力規制委員会の前委員長である田中俊一氏は「委員会は原発が規制基準に適合するかどうかを判断している。適合しているかと言って安全とは申し上げません」と言ったのです。仮に、内閣が規制基準を作成し、原子力規制委員会が規制基準に適合しているかを判断するなら田中氏の言葉も理解できます。しかし、規制基準は原子力規制委員会が作るのです。原子力規制委員会は原発事故から国民を守るために規制基準を作ったのではなく、国や電力会社の意向と住民の安全を天秤にかけてこれらを調整するために規制基準を作ったことを田中前委員長は自白しているのです。だから、国民の命と生活と環境を守ることができるのは裁判所しかないことを裁判官には忘れてほしくないのです。

3　私たちの責任

三・一一前から多くの人が「原発は倫理、道義に反する」と訴えてきました。三・一一によって、原発事故がいかに国土を荒らし、いかに多数の住民に辛酸、悲嘆を味わわせるものであるか、一〇年を経ても深刻な状況は何ら好転しているわけではないという現実を見たとき、そして、原発からの核のゴミが後世の人々に大変な負担を負わせることを考えたとき、多くの人がそのような施設が我が国に存続すること自体が道義に反すると考えています。その方たちにとっては、現在の原発の事故発生確率が高いか低いかを論じるまでもなく、原発は許されないのです。そのような強い道義心、倫理観を持つ人にとっては私の話はまどろっこしいと思われるかもしれませんが、現在の原発の危険性を論理的に説明できるということは、いわば鬼に金棒だと思って下さい。

また一方では、今なお、多くの人が原発に対して寛容です。なぜ寛容かというと、原発の問題はエネルギー政策の一環であり、CO_2対策やエネルギーの安定供給、エネルギーミックスあるいは自然エネルギーの限界など様々な要素を考えないと結論が出ないと考えているからだと思います。だから、福島原発事故があったからといって脱原発と単純に割り切ることは感情的だと思っているのです。確かに我が国の原発に4000ガルや5000ガルという耐震性があれば今後のエネルギー政策をどうするか、CO_2削減に関するパリ協定をどのように達成するか等の様々なことを考えるべきかもしれません。しかし、原発の耐震性が700ガルという桁

＊9　三・一一前であったにもかかわらず、新潟県の泉田知事が免震重要棟の建設を東京電力に強く求めたのとは対照的な態度です。

違いに危険な状況では、原発を止めるしかないのです。感情の問題ではなく、論理の問題です。

むしろ原発を容認している人の方が感情的なのです。「三・一一のようなあんな嫌なことはもう起こらないはず」、「あんな大きな事故があったのだからそれなりの対策を講じているはずだ」、あるいは「嫌なことは考えたくない」というのは感情論です。倫理と論理で考えれば原発の運転を容認できないという結論は明らかです。

私は、必ずしも感情的であることを否定するわけではありません。三・一一前には電力会社をはじめとする原発推進派は、「原発は絶対に安全だ」と言い、事故が起きるや今度は「世の中に絶対安全などあろうはずがない」と開き直りました。そして、まるで見当違いの低い耐震性で造られた原発について「安全性が確認された」と言って再稼働をしようとしています。そこには、倫理性も、論理性もなく、国や郷土に対する愛情のかけらも感じられません。これを黙って見ているのではなく、憤ってください。

我が国では、所得格差や教育格差、雇用問題、年金問題、コロナの問題等、色々議論されていますが、原発の過酷事故が一度起きると、これらの社会問題を議論したテーブルはテーブルごとひっくり返ります。ですから原発の問題は最も重要な問題なのです。この原発の問題を正しく理解して、論理に従って行動してください。そして、ときには健全な怒りを示して下さい。

多くの原発の耐震性が自分の住んでいる家や自分の勤めている会社のビルの耐震性よりも低

いということ、そしてその低さの根拠が不可能とされる地震予知に基づくものであることは、間違いなく電力会社が最も国民に知られたくない事実です。国民世論は脱原発だと言われていますが、全原発の即時停止を求める人と徐々に減らしていくという人を合わせると多数だというにすぎません。徐々に減らすというのは一見穏当そうですが、どの原発が比較的安全なのか分かっていることが前提の見解であり、次の地震の発生場所が全く分からない以上、この考えは採ることができません。国民に知られたくない事実を主権者たる国民が知り、すべての原発の即時停止を求める国民が半数を超えれば必ず全ての原発は止まるのです。

自分の責任が分かっている人は分かっていない人より遙かに幸せだと思います。私は、自分の責任がどこにあるか分かっていてその責任を果たせた幸せな裁判官生活を送ることができたと思っていますが、それで自分の責任が終わったとは思っていません。「無知は罪、無口はもっと罪」という言葉があります。裁判官が原発の差止め訴訟を担当しながら原発の危険性を知らないことの罪は重いと思います。そして、原発の危険性を知ったのにそれを告げないのはさらに重い罪になると思います。私は、原発の本当の危険性を知ってしまった以上、それを皆さんにお伝えするのが自分の責任だと思っています。

そして、この本を読んでしまった皆さんにも責任が生じます。自ら考えて自分ができることを実行していただきたいのです。原発に対して中立的であったり、原発のことをよく知らなかった人の中には、この本を読んでショックを受けられた方もいると思います。でも原発のことを知らなかった方がよかったとは思わないで下さい。少なくとも原子力行政においては、「よらしむべし、知らしむべからず」は政府の一貫した方針です。ですから、私たちは原発のことを知ることから始めなければなりません。知ることよって初めて考えることができ、考えることによって初めて道を選択することができるのだと思います。

キング牧師の言葉

「究極の悲劇は悪人の圧政や残酷さではなく、それに対する善人の沈黙である。結局、我々は敵の言葉ではなく、友人の沈黙を覚えているものなのだ。問題に対して沈黙を決め込むようになったとき我々の命は終わりに向かい始める。」

あとがき

私は、二〇一七年に裁判官を退官しましたが、福井地裁の大飯原発運転差止め判決が二〇一八年七月に名古屋高裁金沢支部で破られ、それが確定したことを機に全国各地で原発の危険性を訴えて講演活動を行ってきました。それと並行して幾つかの寄稿もしてきましたが、被曝と健康研究プロジェクト代表であるジャーナリストの田代真人さんから本を書いてみませんかと言われて、旬報社の木内洋育社長をご紹介いただきました。原発の危険性を多くの人に知ってもらいたいと常々思っていましたので、このような機会を設けてくださったお二人に感謝申し上げます。

本書は、私が講演で訴えてきたことと、今まで寄稿してきたものに加え、裁判のあり方など普段考えてきたことを記したものです。その内容は、合議の秘密に関すること、非公開の審尋手続内での細かいやりとり等を除き、私が経験したこと、考えてきたことを率直に述べたもので、後輩の法律家にも読んでほしいところでもあります。

この本の内容に説得力があると思っていただけるのでしたら、そのような説得力や発想は私自身の努力だけで身についたものではなく、その多くは、長年裁判所で仕事をするうちに学んだことなのです。若い裁判官は先輩裁判官、特に部長（裁判長は裁判所内では「部長」と呼ばれています）から絶大な影響を受けます。部長は若い裁判官がどのように成長し、あるいはだめになっていくのかも含めて重大な責任を負うことから、「部長は製造物責任を負うのだ」と冗談交じりに言われるのです。裁判官になって間もないころ、私の刑事の手続を見た先輩裁判官から「違法ではないが、生きた刑事訴訟法ではない」と言われたことをよく覚えています。「形を整えるのに汲々とするのではなく、裁判では法の精神を体現せよ」という教えだと理解しました。

任官して三年目から民事裁判を担当することになりました。判決書は一番若手の裁判官が起案し、部長がそれを手直しするのですが、二年目までの刑事裁判官としてそれなりに自信を持っていた私の判決書の起案は、部長によって添削された結果一〇分の一も残りませんでした。部長は一言も注意することなく、淡々と起案を直してくれましたが、直された起案を読んで、素直にものごとを見て、深く考察し、それを素直に表現する力量の圧倒的な差に唖然としたものでした。少しでも追いつこうと思って努力を重ねてきました。私の民事裁判官としての心構えと技術の基礎はすべて佐久間重吉《じゅうきち》部長（現在は弁護士）に教わったことで、父親のような存在の方だと思っております。この本から何ら得るところがなかったということでしたら、佐久間部長に製造物責任が発生するかもしれません。逆に得るところが多かったとしたら、このような師弟関係に支えられている裁判所という組織もまんざらではないということかもしれません。

そのような中に長くいた者として最後に後輩にエールを送ります。

裁判官の本分はその一つひとつの仕事が社会の一隅を照らすことにあるのかもしれません。しかしごくまれには、社会全体が進むべき道を照らす仕事が与えられることもあるのです。毅然としてその本分を尽くしていただきたい。

福井地裁大飯原発運転差止め訴訟判決要旨（二〇一四年五月二一日判決）

1　はじめに

ひとたび深刻な事故が起これば多くの人の生命、身体やその生活基盤に重大な被害を及ぼす事業に関わる組織には、その被害の大きさ、程度に応じた安全性と高度の信頼性が求められて然るべきである。このことは、当然の社会的要請であるとともに、生存を基礎とする人格権が公法、私法を問わず、すべての法分野において、最高の価値を持つとされている以上、本件訴訟においてもよって立つべき解釈上の指針である。

個人の生命、身体、精神及び生活に関する利益は、各人の人格に本質的なものであって、その総体が人格権であるということができる。人格権は憲法上の権利であり（一三条、二五条）、また人の生命を基礎とするものであるがゆえに、我が国の法制下においてはこれを超える価値を他に見出すことはできない。したがって、この人格権とりわけ生命を守り生活を維持するという人格権の根幹部分に対する具体的侵害のおそれがあるときは、人格権そのものに基づいて侵害行為の差止めを請求できることになる。人格権は各個人に由来するものであるが、その侵害形態が多数人の人格権を同時に侵害する性質を有するとき、その差止めの要請が強く働くのは理の当然である。

2 福島原発事故について

福島原発事故においては、一五万人もの住民が避難生活を余儀なくされ、この避難の過程で少なくとも入院患者等六〇名がその命を失っている。家族の離散という状況や劣悪な避難生活の中でこの人数を遥かに超える人が命を縮めたことは想像に難くない。さらに、原子力委員会委員長が福島第一原発から二五〇キロメートル圏内に居住する住民に避難を勧告する可能性を検討したのであって、チェルノブイリ事故の場合の住民の避難区域も同様の規模に及んでいる。

3 本件原発に求められるべき安全性

(1) 原子力発電所に求められるべき安全性

1、2に摘示したところによれば、原子力発電所に求められるべき安全性、信頼性は極めて高度なものでなければならず、万一の場合にも放射性物質の危険から国民を守るべく万全の措置がとられなければならない。

原子力発電所は、電気の生産という社会的には重要な機能を営むものではあるが、原子力の利用は平和目的に限られているから（原子力基本法二条）、原子力発電所の稼動は法的には電気を生み出すための一手段たる経済活動の自由（憲法二二条一項）に属するものであって、憲法上は人格権の中核部分よりも劣位に置かれるべきものである。しかるところ、大きな自然災害や戦争以外で、この根源的な権利が極めて広汎に奪われるという事態を招く可能性があるのは原子力発電所の事故のほかは想定し難い。かような危険を抽象的にでもはらむ経済活動は、その存在自体が憲法上容認できないというのが極論にすぎるとしても、少なくともかような事態を招く具体的危険性が万が一でもあれば、その差止めが認められるのは当然である。

新しい技術が潜在的に有する危険性を許さないとすれば社会の発展はなくなるから、新しい技術の有する危険性の性質やもたらす被害の大きさが明確でない場合には、その技術の実施の差止めの可否を裁判所において判断することは困難を極める。しかし、技術の危険性の性質やそのもたらす被害の大きさが判明している場合には、技術の実施に当たっては危険の性質と被害の大きさに応じた安全性が求められることになるから、この安全性が保持されているかの判断をすればよいだけであり、危険性を一定程度容認しないと社会の発展が妨げられるのではないかといった葛藤が生じることはない。原子力発電技術の危険性の本質及びそのもたらす被害の大きさは、福島原発事故を通じて十分に明らかになったといえる。本件訴訟においては、本件原発において、かような事態を招く具体的危険性が万が一でもあるのかが判断の対象とされるべきであり、福島原発事故の後において、この判断を避けることは裁判所に課された最も重要な責務を放棄するに等しいものと考えられる。

(2) 原子炉規制法に基づく審査との関係

(1)の理は、前記のように人格権の我が国の法制における地位や条理等によって導かれるものであって、原子炉規制法をはじめとする行政法規の在り方、内容によって左右されるものではない。

4 原子力発電所の特性

原子力発電技術は次のような特性を持つ。すなわち、原子力発電においてはそこで発出されるエネルギーは極めて膨大であるため、運転停止後においても電気と水で原子炉の冷却を継続しなければならず、その間に何時間か電源が失われるだけで事故につながり、いったん発生した事故は時の経過に従って拡大して行くという性質を持つ。このことは、他の技術の多くが運転の停止という単純な操作によって、その被害の拡大の要因の多くが除去されるのとは異なる原子力発電に内在する本質的な危険である。

したがって、施設の損傷に結びつき得る地震が起きた場合、速やかに運転を停止し、運転停止後も電気を利用して水によって核燃料を冷却し続け、万が一に異常が発生したときも放射性物質が発電所敷地外部に漏れ出すことのないようにしなければならず、この止める、冷やす、閉じ込めるという要請はこの三つがそろって初めて原子力発電所の安全性が保たれることとなる。仮に、止めることに失敗するとわずかな地震による損傷や故障でも破滅的な事故を招く可能性がある。福島原発事故では、止めることには成功したが、冷やすことができなかったために放射性物質が外部に放出されることになった。また、我が国においては核燃料は、五重の壁に閉じ込められているという構造によって初めてその安全性が担保されているとされ、その中でも重要な壁が堅固な構造を持つ原子炉格納容器であるとされている。しかるに、本件原発には地震の際の冷やすという機能と閉じ込めるという構造において次のような欠陥がある。

5　冷却機能の維持について

(1)　1260ガルを超える地震について

原子力発電所は地震による緊急停止後の冷却機能について外部からの交流電流によって水を循環させるという基本的なシステムをとっている。1260ガルを超える地震によってこのシステムは崩壊し、非常用設備ないし予備的手段による補完もほぼ不可能となり、メルトダウンに結びつく。この規模の地震が起きた場合には打つべき有効な手段がほとんどないことは被告において自認しているところである。

しかるに、我が国の地震学会においてこのような規模の地震の発生を一度も予知できていないことは公知の事実である。地震は地下深くで起こる現象であるから、その発生の機序の分析は仮説や推測に依拠せざるを得ないのであって、仮説の立論や検証も実験という手法がとれない以上過去のデータに頼らざるを得ない。確かに地震は太古の昔から存在し、繰り返し発生している現象ではあるがその発生頻度は必ずしも高いものではない上に、正確な記録は近時のものに限られることからすると、頼るべき過去のデータは極めて限られたものにならざるをえない。したがって、大飯原発には1260ガルを超える地震は来ないとの確実な科学的根拠に基づく想定は本来的に不可能である。

⑵　700ガルを超えるが1260ガルに至らない地震について

ア　被告の主張するイベントツリーについて

被告は、700ガルを超える地震が到来した場合の事象を想定し、それに応じた対応策があると主張し、これらの事象と対策を記載したイベントツリーを策定し、これらに記載された対策を順次とっていけば、1260ガルを超える地震が来ない限り、炉心損傷には至らず、大事故に至ることはないと主張する。

しかし、これらのイベントツリー記載の対策が真に有効な対策であるためには、第一に地震や津波のもたらす事故原因につながる事象を余すことなくとりあげること、第二にこれらの事象に対して技術的に有効な対策を講じること、第三にこれらの技術的に有効な対策を地震や津波の際に実施できるという三つがそろわなければならない。

イ　イベントツリー記載の事象について

深刻な事故においては発生した事象が新たな事象を招いたり、事象が重なって起きたりするものであるから、第一の事故原因につながる事象のすべてを取り上げること自体が極めて困難であるといえる。

ウ　イベントツリー記載の対策の実効性について

また、事象に対するイベントツリー記載の対策が技術的に有効な措置であるかどうかはさておくとしても、いったんことが起きれば、事態が深刻であればあるほど、それがもたらす混乱と焦燥の中で適切かつ迅速にこれらの措置をとることを原子力発電所の従業員に求めることはできない。

エ　基準地震動の信頼性について

被告は、大飯原発の周辺の活断層の調査結果に基づき活断層の状況等を勘案した場合の地震学の理論上導かれるガル数の最大数値が７００であり、そもそも、７００ガルを超える地震が到来することはまず考えられないと主張する。しかし、この理論上の数値計算の正当性、正確性について論じるより、現に、全国で二〇箇所にも満たない原発のうち四つの原発に五回にわたり想定した地震動を超える地震が平成一七年以後一〇年足らずの間に到来しているという事実を重視すべきは当然である。地震の想定に関しこのような誤りが重ねられてしまった理由については、今後学術的に解決すべきものであって、当裁判所が立ち入って判断する必要のない事柄である。これらの事例はいずれも地震という自然の前における人間の能力の限界を示すものというしかない。本件原発の地震想定が基本的には前記四つの原発におけるのと同様、過去における地震の記録と周辺の活断層の調査分析という手法に基づきなされたにもかかわらず、被告の本件原発の地震想定だけが信頼に値するという根拠は見い出せない。

(3) 700ガルに至らない地震について

ア 施設損壊の危険

本件原発においては基準地震動である700ガルを下回る地震によって外部電源が断たれ、かつ主給水ポンプが破損し主給水が断たれるおそれがあると認められる。

イ 施設損壊の影響

主給水は冷却機能維持のための命綱であり、これが断たれた場合にはその名が示すとおり補助的な手段にすぎない補助給水設備に頼らざるを得ない。前記のとおり、原子炉の冷却機能は電気によって水を循環させることによって維持されるのであって、電気と水のいずれかが一定時間断たれれば大事故になるのは必至である。原子炉の緊急停止の際、この冷却機能の主たる役割を担うべき外部電源と主給水の双方がともに700ガルを下回る地震によっても同時に失われるおそれがある。そして、その場合には⑵で摘示したように実際にはとるのが困難であろう限られた手段が効を奏さない限り大事故となる。

ウ　補助給水設備の限界

各手順のいずれか一つに失敗しただけでも、加速度的に深刻な事態に進展し、未経験の手作業による手順が増えていき、不確実性も増していく。事態の把握の困難性や時間的な制約のなかでその実現に困難が伴うことは⑵において摘示したとおりである。

⑷　小　括

日本列島は太平洋プレート、オホーツクプレート、ユーラシアプレート及びフィリピンプレートの四つのプレートの境目に位置しており、全世界の地震の一割が狭い我が国の国土で発生する。この地震大国日本において、基準地震動を超える地震が大飯原発に到来しないというのは根拠のない楽観的見通しにしかすぎない上、基準地震動に満たない地震によっても冷却機能喪失による重大な事故が生じ得るというのであれば、そこでの危険は、万が一の危険という領域をはるかに超える現実的で切迫した危険と評価できる。このような施設のあり方は原子力発電所が有する前記の本質的な危険性についてあまりにも楽観的といわざるを得ない。

6 閉じ込めるという構造について（使用済み核燃料の危険性）

(1) 使用済み核燃料の現在の保管状況

原子力発電所は、いったん内部で事故があったとしても放射性物質が原子力発電所敷地外部に出ることのないようにする必要があることから、その構造は堅固なものでなければならない。そのため、本件原発においても核燃料部分は堅固な構造をもつ原子炉格納容器の中に存する。他方、使用済み核燃料は本件原発においては原子炉格納容器の外の建屋内の使用済み核燃料プールと呼ばれる水槽内に置かれており、その本数は一〇〇〇本を超えるが、使用済み核燃料プールから放射性物質が漏れたときこれが原子力発電所敷地外部に放出されることを防御する原子炉格納容器のような堅固な設備は存在しない。

(2) 使用済み核燃料の危険性

原子力委員会委員長が想定した被害想定のうち、最も重大な被害を及ぼすと想定されたのは使用済み核燃料プールからの放射能汚染であり、他の号機の使用済み核燃料プールからの汚染も考えると、強制移転を求めるべき地域が一七〇キロメートル以遠にも生じる可能性や、住民が移転を希望する場合にこれを認めるべき地域が東京都のほぼ全域や横浜市の一部を含む二五〇キロメートル以遠にも発生する可能性があり、これらの範囲は自然に任せておくならば、数十年は続くとされた。

本件使用済み核燃料プールにおいては全交流電源喪失から三日を経ずして冠水状態が維持できなくなる。我が国の存続に関わるほどの被害を及ぼすにもかかわらず、全交流電源喪失から三日を経ずして危機的状態に陥いる。そのようなものが、堅固な設備によって閉じ込められていないままいわばむき出しに近い状態になっているのである。

使用済み核燃料は本件原発の稼動によって日々生み出されていくものであるところ、使用済み核燃料を閉じ込めておくための堅固な設備を設けるためには膨大な費用を要するということに加え、国民の安全が何よりも優先されるべきであるとの見識に立つのではなく、深刻な事故はめったに起きないだろうという見通しのもとにかような対応が成り立っているといわざるを得ない。

7　本件原発の現在の安全性

以上にみたように、国民の生存を基礎とする人格権を放射性物質の危険から守るという観点からみると、本件原発に係る安全技術及び設備は、万全ではないのではないかという疑いが残るというにとどまらず、むしろ、確たる根拠のない楽観的な見通しのもとに初めて成り立ち得る脆弱なものであると認めざるを得ない。

8　原告らのその余の主張について

原告らは、前記各諸点に加え、高レベル核廃棄物の処分先が決まっておらず、同廃棄物の危険性が極めて高い上、その危険性が消えるまでに数万年もの年月を要することからすると、この処分の問題が将来の世代に重いつけを負わせることを差止めの理由としている。幾世代にもわたる後の人々に対する我々世代の責任という道義的にはこれ以上ない重い問題について、現在の国民の法的権利に基づく差止訴訟を担当する裁判所に、この問題を判断する資格が与えられているかについては疑問があるが、7に説示したところによるとこの判断の必要もないこととなる。

9　被告のその余の主張について

他方、被告は本件原発の稼動が電力供給の安定性、コストの低減につながると主張するが、当裁判所は、極めて多数の人の生存そのものに関わる権利と電気代の高い低いの問題等とを並べて論じるような議論に加わったり、その議論の当否を判断すること自体、法的には許されないことであると考えている。このコストの問題に関連して国富の流出や喪失の議論があるが、たとえ本件原発の運転停止によって多額の貿易赤字が出るとしても、これを国富の流出や喪失というべきではなく、豊かな国土とそこに国民が根を下ろして生活していることが国富であり、これを取り戻すことができなくなることが国富の喪失であると当裁判所は考えている。

また、被告は、原子力発電所の稼動がCO_2排出削減に資するもので環境面で優れている旨主張するが、原子力発電所でひとたび深刻事故が起こった場合の環境汚染はすさまじいものであって、福島原発事故は我が国始まって以来最大の公害、環境汚染であることに照らすと、環境問題を原子力発電所の運転継続の根拠とすることは甚だしい筋違いである。

10　結　論

以上の次第であり、原告らのうち、大飯原発から二五〇キロメートル圏内に居住する者（別紙原告目録1記載の各原告）は、本件原発の運転によって直接的にその人格権が侵害される具体的な危険があると認められるから、これらの原告らの請求を認容すべきである。

◆著者紹介

樋口英明（ひぐち　ひであき）

一九五二年生まれ。三重県出身。司法修習第三五期。福岡・静岡・名古屋等の地裁・家裁等の判事補・判事を経て二〇〇六年四月より大阪高裁判事、〇九年四月より名古屋地家裁半田支部長、一二年四月より福井地裁判事部総括判事を歴任。一七年八月、名古屋家裁部総括判事で定年退官。

二〇一四年五月二一日、関西電力大飯原発3・4号機の運転差止めを命じる判決を下した。さらに一五年四月一四日、原発周辺地域の住民ら九人の申立てを認め、関西電力高浜原発3・4号機の再稼働差止めの仮処分決定を出した。

私が原発を止めた理由

二〇二一年三月一一日　初版第一刷発行
二〇二三年九月　六　日　第九刷発行

著者　**樋口英明**
ブックデザイン　**welle design**
発行者　**木内洋育**
発行所　**株式会社　旬報社**
〒一六二 - 〇〇四一　東京都新宿区早稲田鶴巻町五四四
ＴＥＬ　〇三 - 五五七九 - 八九七三
ＦＡＸ　〇三 - 五五七九 - 八九七五
ホームページ　http://www.junposha.com/
印刷・製本　**中央精版印刷株式会社**

　ISBN978-4-8451-1680-5